中国四季康养之都
黔西南州生态气候资源

主　编　吴战平　范元品
副主编　于　飞　胡家敏

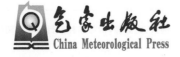

气象出版社
China Meteorological Press

内容简介

　　本书系统评估了贵州黔西南州四季生态气候资源，详细阐述了黔西南州四季宜人的康养气候、四季宜居的康养环境、四季宜游的康养旅游等优越条件。通过对气候资源的研究与论证，2019年中国气象学会授予黔西南州"中国四季康养之都"称号，为黔西南的康养气候树立了品牌，加强了宣传。本书可为当地的旅游管理部门、宣传部门、气象部门、旅游企业等更好地研究、开发和利用气候资源提供参考。

图书在版编目(CIP)数据

　　中国四季康养之都·黔西南州生态气候资源 / 吴战平，范元品主编. — 北京：气象出版社，2020.2
　　ISBN 978-7-5029-7161-8

　　Ⅰ.①中… Ⅱ.①吴… ②范… Ⅲ.①气候资源-介绍-黔西南布依族苗族自治州 Ⅳ.①P468.273.2

　　中国版本图书馆 CIP 数据核字(2020)第 008435 号

出版发行：气象出版社

地　　址：北京市海淀区中关村南大街 46 号　　　　邮政编码：100081
电　　话：010-68407112(总编室)　010-68408042(发行部)
网　　址：http://www.qxcbs.com　　　　E-mail：qxcbs@cma.gov.cn
责任编辑：黄海燕　　　　　　　　　　　　　　　终　　审：吴晓鹏
责任校对：王丽梅　　　　　　　　　　　　　　　责任技编：赵相宁
封面设计：楠竹文化
印　　刷：北京建宏印刷有限公司
开　　本：710 mm×1000 mm　1/16　　　　　　　印　　张：8
字　　数：161 千字
版　　次：2020 年 2 月第 1 版　　　　　　　　　印　　次：2020 年 2 月第 1 次印刷
定　　价：60.00 元

前　言

黔西南布依族苗族自治州(简称"黔西南州")地处贵州西南部,云贵高原东南端,滇、黔、桂三省(区)结合部,素有"西南屏障"和"滇黔锁钥"之称,属珠江水系南北盘江流域。黔西南州拥有优越的气候条件、康养的生态环境、独特的地质地貌、秀美的自然风光、多彩的民族文化以及便利的交通条件,得天独厚的资源禀赋为休闲旅游、山地运动等康养产业发展奠定了坚实的基础。

黔西南州山地气候明显,地处亚热带季风湿润气候,具有气温适宜、四季宜人,昼晴夜雨、降水充沛,日照温和、紫外线弱,湿度适中、气候湿润,轻风徐徐、气压适宜,灾害较少、安全宜居,气象万千、水墨如画等特点,带来了"春早花期长、夏凉宜避暑、秋爽云天高、冬暖树常绿"的自然馈赠。2018年1月,黔西南州在"全球城市竞争力排行榜"中,被评为"2017世界春城60佳",四季康养舒适度天数占比高,是"春赏花、夏避暑、秋品果、冬暖阳"的好地方。

黔西南州山地旅游资源、生态环境、民族文化特色显著,峰林、峡谷、瀑布、溶洞、天坑等地质景观神奇多姿,锥状峰林地貌更是在全国独一无二,是世界锥状喀斯特地质地貌景观的典型代表。拥有绿色康养的生态环境,植被覆盖度高,森林资源丰富,生物资源多样。全年可以开展康养山地户外运动,曾先后成功举办了国际山地旅游大会、全国山地运动会等知名山地户外运动。民俗文化风情浓厚,境内分布有布依族、苗族、汉族、瑶族、仡佬、回族等35个民族。传统饮食文化、茶文化、手工艺文化和中医药文化源远流长。近年来,黔西南州先后被授予"中国金州""中国十大养生城市",兴仁市被评为"中国长寿之乡",普安县被授予"中国古茶树之乡",安龙县被评为"中国武术之乡"等,2019年中国气象学会授予黔西南州"中国四季康养之都"称号。

　　受黔西南布依族苗族自治州人民政府委托,贵州省山地环境气候研究所和黔西南州气象局共同开展了黔西南州四季生态气候资源评估,相关文字和图片素材资料得到了贵州省生态气象和卫星遥感中心、黔西南州文化广电旅游局、黔西南州委外宣办、黔西南州生态环境局、黔西南州自然资源局、黔西南州卫生健康局、黔西南州体育局、黔西南州林业局、黔西南州发展和改革委员会、黔西南喀斯特区域发展研究院、黔西南州水务局、黔西南州农业农村局、黔西南州交通运输局、黔西南州史志办、黔西南州民政局等的大力支持和帮助,在此表示衷心的感谢。

　　由于作者水平有限,书中难免有不当之处,恳请读者见谅并不吝赐教,以便我们进一步改进和完善。

作者

2019 年 9 月 6 日

C目 录
ONTENTS

第 1 章

黔西南州基本概况

1.1 地理位置

　　黔西南州地处贵州省西南部、云贵高原东南端,为滇、黔、桂三省(区)结合部(图 1.1)。地跨东经 104°35′～106°32′,北纬 24°38′～26°11′。辖区面积约 16804 km²,东西长 210 km,南北宽 177 km。东与黔南布依族苗族自治州罗甸县、安顺市紫云县接壤,南与广西隆林、西林、田林、乐业 4 个县隔江相望,西与六盘水市盘州、云南省富源和罗平县毗邻,北与六盘水市及安顺市交界。州府所在地兴义市距贵阳、昆明均为 300 km 左右,距南宁 500 km,位于贵阳、昆明、南宁三个省会城市的三重辐射圈内,素有“西南屏障”和“滇黔锁钥”之称,区位优势突出。

图 1.1　黔西南州地理区位(来源:黔西南州全域山地旅游体系规划)

1.2　地形地貌

　　黔西南州属珠江水系南北盘江流域,是典型的低纬度高海拔山区,位于云贵高原向广西丘陵过渡的斜坡地带,地势西高东低、北高南低,海拔大多在 1000～2000 m。最高点在兴义市七舍、捧乍高原的白龙山顶,海拔 2207.2 m;最低点在望谟县红水河边大落河口,海拔 275 m,高差 1932.2 m。全州中山、低山约占总面积的 55%,丘陵、河谷盆地及槽坝占总面积的 45%;山岭南北延伸,东西层叠,属横断山脉乌蒙山系,主要山脉有北部的莲花山、西部的白龙山、东北部的龙头大山、东南部的凉风坳。州境内地形起伏大,地貌复杂,可分为低山侵蚀山地峡谷区、岩溶高原槽坝区、岩溶侵蚀山地区、侵蚀山地河谷区 5 个不同地貌区。峰林、峡谷、瀑布、溶洞、天坑等地质景观神奇多姿,锥状峰林地貌更是在全国独一无二,是世界锥状喀斯特地质地貌景观的典型代表(图 1.2)。

图 1.2　黔西南州典型锥状峰林地貌(摄影:张德厚)

1.3　河流水系

　　黔西南州境内河流属珠江流域,州境内共有河长 10 km 以上、流域面积大于 20 km² 的河流 102 条,南盘江、北盘江、红水河是州内 3 条较大的江河(图 1.3)。南盘江发源于云南沾益马雄山南坡,流经兴义、安龙、册亨,流域面积 6448.2 km²,占全州地域面积的 38.37%;北盘江发源于云南沾益马雄山西北坡,流经普安、晴隆、兴仁、贞丰、望谟、册亨,总流域面积 8760.5 km²,占全州地域面积的 52.13%。州境内的乌龙山是南、北盘江的分水岭,南盘江支流由北向南注入南盘江;北盘江支流由南向北、向西或向东注入北盘江,南、北盘江在册亨双江口汇入红水河,江水由西北流向东南。红水河为黔西南州望谟县与广西的界河,沿望谟县南缘由西向东,经蔗香、坝从、渡邑至桑郎河口流离州境,流域面积 1595.7 km²,占全州地域面积的 9.5%。

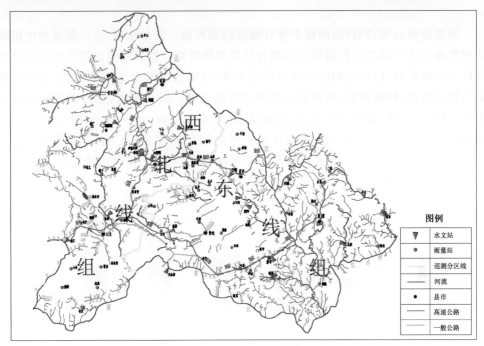

图 1.3　黔西南州水系分布

1.4　自然资源

　　黔西南州境内山岭纵横,河流密布,成土母岩组合复杂,土壤和植被种类丰富。土壤多属酸性和微酸性红黄土壤,主要类型有黄壤、红壤、石灰土、水稻土、红色石灰土、黄棕壤、紫色土等。各土类面积中,黄壤最大,分布最广;红壤次之,主要分布在南、北盘江两侧。全州境内生物资源富集,境内拥有植物种类达 3913 种以上,有鹅掌楸、桫椤、贵州苏铁、云南穗花杉、辐花苣苔、伯乐树、麻栗坡兜兰等 300 余种珍稀植物(卢怡萌,2014),有石斛、天麻、杜仲、三七、灵芝等 1800 多种药用植物,特色药用植物有小花清风藤、环草石斛、艾纳香、余甘子、通草、黑草、天花粉、黄精、苦苣苔等,是贵州省中草药药源宝库之一。截至 2018 年年底,全州森林覆盖率达 58.5%,其中册亨县、望谟县森林覆盖率更是高达 67% 以上。2018 年,黔西南州册亨县获省级森林城市称号,兴义市七舍镇、兴仁市屯脚镇、册亨县秧坝镇、普安县江西坡镇和贞丰县者相镇 5 个乡镇获省级森林乡镇称号,兴义市七舍镇七舍村、兴仁市屯脚镇鲤鱼村等 20 个村寨被授予省级森林村寨称号。

1.5 社会经济

改革开放以来,黔西南州这个昔日偏居祖国西南一隅的山区,已一跃成为中国大西南腹地南下出海的便捷通道和西部大开发战略要地。黔西南州以脱贫攻坚统揽经济社会发展全局,以供给侧结构性改革为主线,守好发展和生态两条底线,全州经济运行稳中有进、持续向好,经济社会发展取得新成效。近 5 年来,黔西南州地区国民生产总值每年均以超过 12% 的速度递增,同比超过全省、全国增速(图 1.4)。2018年,地区生产总值 1163.77 亿元,其中第一产业 212.92 亿元,第二产业 375.80 亿元,第三产业 575.05 亿元。城镇居民人均可支配收入 30407 元,同比增长 9.5%,农村居民人均可支配收入 9485 元,同比增长 10.3% 。

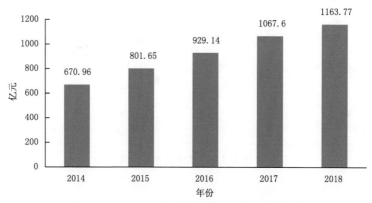

图 1.4 2014—2018 年黔西南州国民生产总值

1.6 医疗卫生

近年来,黔西南州认真贯彻落实贵州省委、贵州省政府加快发展康养产业的重大决策部署,强力推动康养产业蓬勃发展,倾力打造"康养黔西南,四季花园城"康养品牌。黔西南州列入贵州省"百院大战"重点工程项目 11 个,总建筑规模 50.33 万 m^2,项目计划总投资 22.41 亿元。建立以黔西南州人民医院等 3 个三甲医院为龙头,兴仁市人民医院、贞丰县人民医院等 7 个二甲公立医院为主体的 3 个医联体,以医联体为核心,辐射延伸至部分卫生院和社区服务中心形成"医共体",支持社会办医机构加入医共体,形成全州医疗机构"集团化"发展新格局和医共体平台双向转诊、优先接诊、优先检查、优先住院的医疗卫生服务新模式。2018 年,全州共有医疗机构 1818 个,床位数 16672 张,医疗卫生从业人员 22831 人,每千人拥有医疗机构床位数 4.9 张。积极整合有效资源,秉持"古方今用",打造优质品牌,拓展产业市场,依托丰富的道地中药材资源,深入挖掘中医药、民族医药古方、经典方。充分利用全国药品交易会等重要平台,进一步加强对外交流与合作,全面提升黔西南健康医药产品知名度和美誉度。2018 年,全州医药工业总产值突破 4 亿元。

1.7　交通运输

　　黔西南州是黔、桂、滇三省(区)毗邻地区重要的商品集散地和商贸中心,逐渐形成公路、铁路、水运、航空、管道立体交通网络,交通条件更加便捷,通行能力显著提高,目前已实现县县通高速、乡乡通油路、景区通高等级公路。境内铁路有南昆线、威红线,盘兴高铁目前正陆续建成;公路有沪昆高速、汕昆高速、惠兴高速、望安高速和G324 和 G320 国道(图 1.5);航道总长 1017.33 km,其中北盘江航道 289.21 km,南盘江航道 267.38 km,红水河航道 107 km,最大通航能力为 500 吨级船舶;兴义万峰林机场每周共有飞往北京、上海、广州、深圳、武汉、杭州、长沙等 20 个国内城市的客运航班 140 多架次。

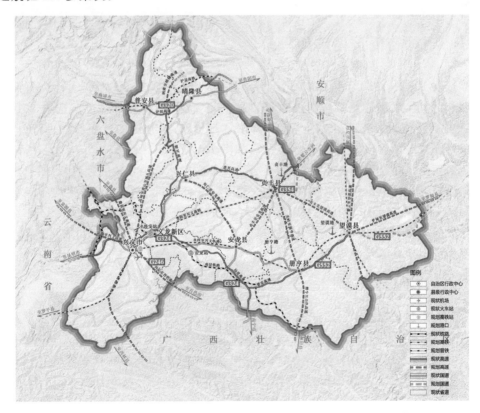

图 1.5　黔西南州交通现状(来源:黔西南州全域山地旅游体系规划)

第 2 章

四季康养气候资源

　　黔西南州位于亚热带季风气候区,受多种天气气候系统及高原大地形的影响,形成了四季气温温和、降水充沛、紫外线弱、湿度适中、气压适宜、气象灾害少的气候特征。拥有"春早花期长、夏凉宜避暑、秋爽云天高、冬暖树常绿"的四季康养气候资源优势。

2.1　气候特征及形成机理

　　选取 1961—2018 年黔西南州 8 个市(县)58 年气象观测站的气温、降水、日照时数、相对湿度、风速等逐日资料,分析黔西南州的气候特征和舒适度。选取 2010—2018 年黔西南州区域自动站的气温和降水逐日资料,对景区的气候特征进行分析。气象资料来源于贵州省气象局,站点分布如图 2.1 所示。

　　黔西南州地处贵州高原西南部,是云贵高原向广西低山丘陵的过渡带,属亚热带季风湿润气候。全州气候温和,年平均气温 15.0~17.5℃;降水丰沛,平均年降水量 1324.0 mm;气候湿润,年平均相对湿度 79.6%;日照充足,年平均日照时数 1455.4 h,主导风向为东南风、偏东风,年平均风速 1.9 m/s。州内地形复杂,西北高东南低,具有明显的山地立体气候特征。

2.1.1　四季气候特征

　　黔西南州入春时间一般开始于 2 月上旬,夏季始于 5 月下旬,秋季始于 8 月中旬,冬季始于 11 月下旬,其中普安、晴隆为无夏区,望谟、册亨为无冬区。州内冬、夏季相对较短,分别为 67 d、69 d,春、秋季相对较长,多年平均春、秋日数分别为 119 d、110 d。相比于省内其他城市,黔西南州平均入春时间早,春、秋季日数长,夏、冬季日数短(图 2.2)。

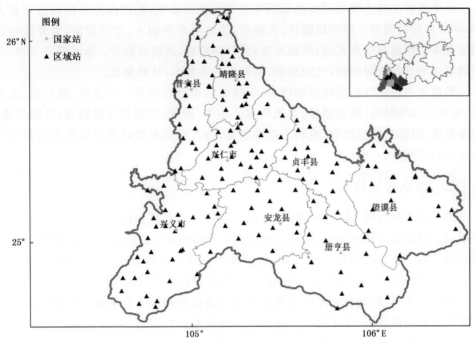

图 2.1 黔西南州气象观测站分布

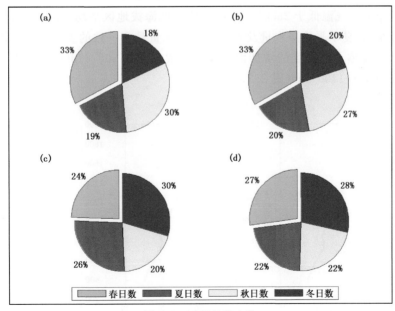

图 2.2 四季日数占比

（a. 黔西南州平均；b. 兴义；c. 遵义；d. 贵阳）

由于滇黔准静止锋和西南热低压等天气系统的影响,黔西南州从南向北逐步入春,冬季持续时间短。春季回暖快,入春早,受倒春寒影响小,空气湿润,紫外线辐射弱。夏季黔西南州降水充沛,气温凉爽,夏日持续短,高温日数少。秋季晴空万里,天高气爽。冬季持续时间短,气温温和,受寒潮影响较小,日照充足。

黔西南州全年气温波动振幅较小,下辖各县市存在差异。兴义市、兴仁市、贞丰县、安龙县四季分明,既无酷暑,也无严寒。冬季,册亨、望谟县气温较高,温暖舒适。夏季普安、晴隆县天气凉爽,更利于避暑消夏,游人可以根据时节领略黔西南州不同区域的特色气候。

2.1.2 山地气候特征

黔西南州地处黔、滇、桂三省(区)的结合部,地势西高东低、北高南低,中部较为平缓,起伏较小,向周围增高,由丘原逐渐转变为山原及中山地形。由于山地起伏,地形差异形成了独特的山地立体气候,植被种类垂直分布差异大,植物种类多样性明显。选取黔西南州内加密气象站数据,得到降水量和平均气温的垂直分布。

由图 2.3 可知,气温随海拔高度的增加而降低的趋势十分明显。平均气温随海拔高度的增加而降低,年平均气温随高度递减率为 0.58℃/100 m。海拔 500 m 以下的地区年平均气温超过了 20.0℃,海拔高度超过 1800 m 的地区年平均气温略高于13.0℃。夏季平均气温在 18.0～28.0℃,除少数低海拔河谷地区外,黔西南州大部分地区夏季平均气温低于 25.0℃。冬季,州内低海拔地区平均气温在 10.0℃以上。年平均降水量、夏季平均降水量及冬季平均降水量具有一致的垂直分布。黔西南州平均降水量总体上随高度的增加而增大。海拔高度在 500～1600 m 的地区年平均降水量在 1000～1400 mm(图 2.3)。

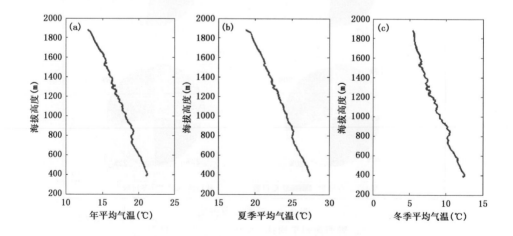

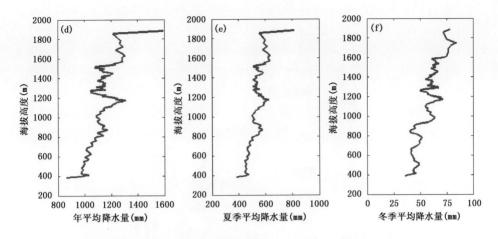

图 2.3 黔西南州年、夏季、冬季平均气温(a～c)和降水量(d～f)垂直分布

黔西南州地势西高东低,西部海拔大都在 1800 m 以上,中部为 1200～1600 m,向东逐渐降低为 600～1200 m。相对高差一般由中部的 200～300 m,向北、东部增至 700 m 以上。因此,地势总的是中部较平缓,起伏较小,向周围变大,即由丘原逐渐转变为山原及中山地形。黔西南州东南部海拔 300～500 m 的河谷地区为南亚热带气候类型;海拔在 800～1200 m 的地区为中亚热带气候类型;海拔在 1200～1800 m 的地区为北亚热带气候类型,超过 1800 m 的高山地区为暖温带气候类型(图 2.4)。从图上可以看出,黔西南州大部分地区都处在北亚热带气候带(张东海 等,2014)。

2.1.3 天气气候成因

黔西南州地处亚热带季风气候区,受多种天气气候系统及高原大地形的影响。一般情况下,黔西南州主要受西太平洋副热带高压、西南热低压及滇黔准静止锋、西风带系统等高影响天气系统的控制(图 2.5)。副热带高压位置和强弱影响黔西南州的温度和降水,滇黔准静止锋是控制黔西南州冬季日照、冷暖、降水的重要天气系统,西南热低压是黔西南州春季日照丰富、温暖舒适的主要原因,西风带系统的移动对黔西南州转折性天气的发生有重要影响。

(1)西太平洋副热带高压

西太平洋副热带高压是一个稳定少动的暖性深厚系统,在副热带高压内部盛行下沉气流,天气晴好,气压梯度力小,风力微弱。副热带高压西部的偏南气流可以从海面上带来充沛的水汽,并输送到锋区的底层,在副热带高压西部的西到北部边缘地区形成以暖湿气流输送带,向副热带高压北侧的锋区不断输送高温高湿的气流。在西风带有低槽和低涡移动到锋区上空时,在系统性上升运动和不稳定能量释放所造成的上升运动的共同作用下,使充沛的水汽凝结而产生大范围的降水。

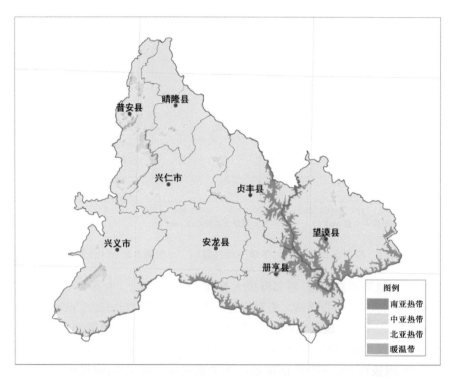

图 2.4　黔西南州气候带分布

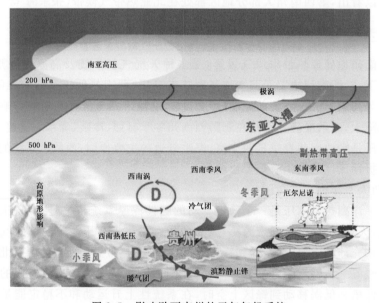

图 2.5　影响黔西南州的天气气候系统

冬季,副热带高压较弱,一般仅在 10°N 附近的太平洋地区出现一狭长的高压带,对黔西南州影响较小。夏季,副热带高压脊线及其北界北抬到 25°N 和 35°N 附近,其西伸脊点到达 115°E 附近,黔西南州此时处于副热带高压西侧,受低压或槽影响,在西侧偏南气流带来的充沛水汽的配合下,湿度较高,风力较大,降水丰富,为黔西南州夏季避暑气候创造了条件。

（2）滇黔准静止锋

滇黔准静止锋是中国西南地区东部云贵高原上经常出现的天气系统,是极地南下冷空气团遇青藏高原和云贵高原地形阻挡后与西南暖气团对峙而形成的。在青藏高原大地形、云贵高原和横断山脉的作用下,滇黔准静止锋沿地形呈准南北走向,具有东西摆动和跳跃式西进的独特活动规律（段旭 等,2017;杜正静 等,2007）。

在冬半年,静止锋是影响黔西南的主要系统,一般而言,滇黔准静止锋比较温和,锋前区域受西南气流影响,天气晴好,锋后地区受冷空气影响,阴雨绵绵。当静止锋出现时,黔西南州经常处于锋前暖气团控制下,天气晴好、气温升高。一旦有冷空气补充,静止锋加强西进,黔西南州天气突变,带来剧烈降温、较强降雨等转折性天气。滇黔准静止锋锋面的走向大多呈西北—东南向,冷空气势力越强时,静止锋锋区位置越偏南,其南北经向度也越大;反之,当西南气流越强时,静止锋的位置就越北移,静止锋越弱,其南北经向度也越小。这是因为冷空气势力越强时其厚度就厚,也越容易向南推进,造成静止锋位置越偏南;另外,云贵高原地区地势西高东低,冷空气在到达这一地区后,难以穿越西部高原地区,只能向南方的广西等地推进,导致静止锋的南北经向度加大。

滇黔准静止锋的持续时间比较长,但也有季节差异。一般而言,出现在 11 月—次年 3 月的静止锋持续时间长,一般均在 10 d 左右或以上,其余月份的静止锋持续时间相对较短,一般在 3～6 d。滇黔准静止锋全年均可出现,冬季（12 月—次年 2 月）和初春（3 月）是年内出现频次最高的时段,夏季（6—8 月）滇黔准静止锋出现最少,春、秋季是滇黔准静止锋月频次变化最为剧烈的季节。

（3）西南热低压

西南热低压是春季影响西南地区的一个重要天气系统,是出现在我国青藏高原东南侧的云、贵、川三省附近的一个闭合性暖低压,春季,黔西南州常处于热低压控制区内。热低压作为一种浅薄天气系统,与城市热岛环流形成的浅薄热低压相似,与边界层和下垫面强迫过程密切相关。南支槽前的西南气流在向东传播过程中,受云贵高原的地形作用,造成了局地的下沉增温降压和低层的辐合上升而形成热低压。热低压控制区相对湿度较低,呈干暖心结构（熊方 等,2008;杨静 等,2013）。

在热低压天气系统控制时,一般天气晴朗,温度很快升高,云量减少,是造成西南地区春季升温的最主要的天气系统。西南热低压的主要初生源地在云南,一般维持 2～5 d,3—4 月热低压出现频率最高。受太阳辐射加热的作用,热低压的强度有明显的日变化,夜间和早晨,热低压强度较弱;白天随着地面温度的升高,热低压开始增强,到午后达到最强。在热低压生成发展阶段,受热低压控制天气晴好,日照较强,气温升高很快,白天常伴有偏南大风。冷空气南下影响到热低压控制区时,热低压填塞,给该区域带来充沛的降水。

(4)西风带系统

对黔西南州造成重要影响的西风带系统主要有:南支槽和高原槽。前人研究表明:南支槽、高原槽对黔西南州的天气气候有重要影响,过境时往往给黔西南州带来丰沛的降水。南支槽又称副热带南支西风槽,定义为 $80°\sim100°E$、$18°\sim30°N$ 范围内出现的西风带低压槽,是冬、春季黔西南州的重要天气系统。冬半年副热带南支西风气流在高原南侧孟加拉湾地区产生的半永久性低压槽,南支槽 10 月在孟加拉湾北部建立,冬季加强,春季活跃,6 月消失并转为孟加拉湾槽。南支槽的进退与西风带环流形势、副热带高压位置和高原大地形等关系密切,南支槽位置、水汽输送、湿度锋区、低空急流、冷空气强弱等条件的不同决定了降水的强弱或是否有强对流天气出现。

高原槽基本为越过青藏高原影响其他地区的高空槽。高原槽在东移过程中,受到复杂下垫面的影响,往往由南北向的槽变为东北—西南向的槽,槽前西南气流伴有强烈的上升运动,槽底往南伸,影响到黔西南州地区。

2.2　气温适宜,四季宜人

黔西南州常年平均气温为 16.4℃,年平均气温大体呈西北低、东南高的分布,海拔在 $1800\sim2000$ m 的地区年平均气温为 $13.9\sim15.0℃$,海拔高度在 $1200\sim1600$ m 的地区年平均气温为 $15.1\sim17.0℃$,海拔低于 1200 m 的地区,年平均气温为 $17.1\sim19.5℃$(图 2.6),反映出气温明显的垂直差异。

从全州各气象站多年监测数据结果来看,全州四季的平均气温变化为:春、秋季在 $15.0\sim20.0℃$,夏季在 $20.0\sim25.0℃$,感觉十分舒适(图 2.7 和图 2.8)。冬季相对来说,气温稍低,但平均气温基本上都在 $5.0\sim10.0℃$,体感无明显寒意。

2.2.1　全州无严寒

黔西南州最冷月(1 月)平均气温 7.3℃,无明显严寒(图 2.9)。年平均最低气温为 13.1℃,西北部海拔较高地区为 $10.1\sim12.0℃$,中部大部分地区为 $12.1\sim14.0℃$,东南部低海拔区为 $14.1\sim17.5℃$(图 2.10)。全州日最低气温≤0℃日数年均约 8 d,仅占全年的 2%。

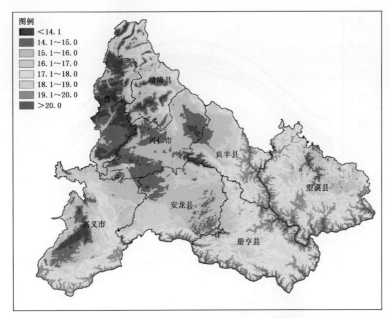

图 2.6　黔西南州年平均气温(℃)分布

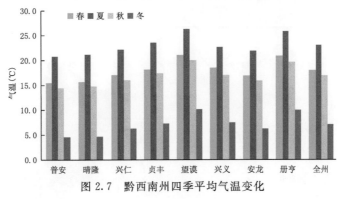

图 2.7　黔西南州四季平均气温变化

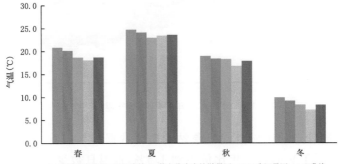

图 2.8　黔西南州著名景点四季平均气温变化

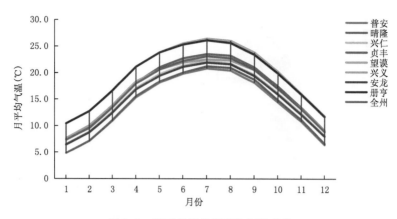

图 2.9 黔西南州各月平均气温变化

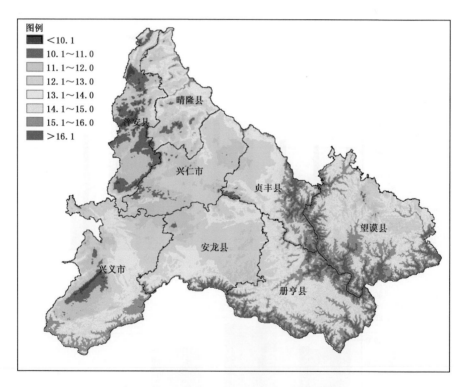

图 2.10 黔西南州年平均最低气温(℃)分布

从全州不同景点的区域自动气象站的监测数据结果来看,各景点的日最低气温≤0℃的日数低于6 d,占全年比例不到1.5%,低温日数少,无严寒天气(图2.11和表2.1)。

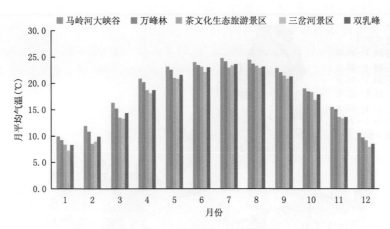

图 2.11 黔西南州著名景点各月平均气温变化

表 2.1 黔西南州各景点最低气温低于 0℃ 日数

景点名称	≤0℃日数(d)	占全年比例(%)
马岭河大峡谷	0.3	0.1
万峰林	0.3	0.1
茶文化生态旅游景区	2.5	0.7
三岔河	5.2	1.4
双乳峰	3.0	0.8

2.2.2 全州无酷暑

黔西南州最热月(7月)平均气温为 23.1℃,7 月平均最高气温 27.5℃。全州多年平均最高气温为 21.1℃,其中西北部海拔较高地区为 16.9~19.0℃,中部大部分地区为 19.1~21.0℃,东南部年平均最高气温为 21.1~26.3℃(图 2.12)。黔西南州日最高气温≥35℃的高温日数年均约 2 d,仅占全年的 0.5%。

从全州部分景点区域自动气象站近年来的监测数据结果来看,大部分景点日最高气温≥35℃的日数低于 4 d,占全年比例不足 1%,高温日数非常少(表 2.2)。

表 2.2 黔西南州主要景点日最高气温≥35℃日数

景点名称	≥35℃日数(d)	占全年比例(%)
马岭河大峡谷	3.3	0.9
万峰林	1.7	0.5
茶文化生态旅游景区	0.8	0.2
三岔河	0.7	0.2

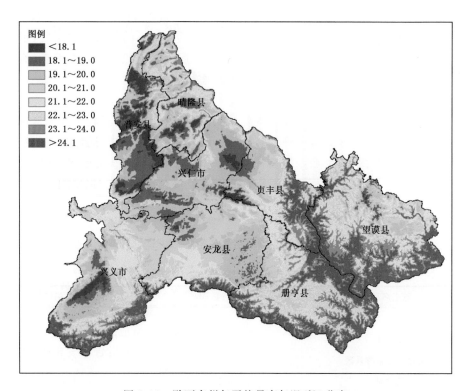

图 2.12　黔西南州年平均最高气温(℃)分布

　　从气候变化角度来看,近 58 年黔西南州年平均气温略有所升高(图 2.13),从季节平均气温的变化趋势来看,夏季略有升温趋势,而春、秋、冬季无升温趋势(图 2.14)。

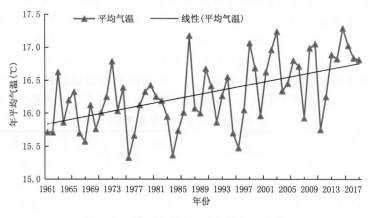

图 2.13　黔西南州年平均气温逐年变化

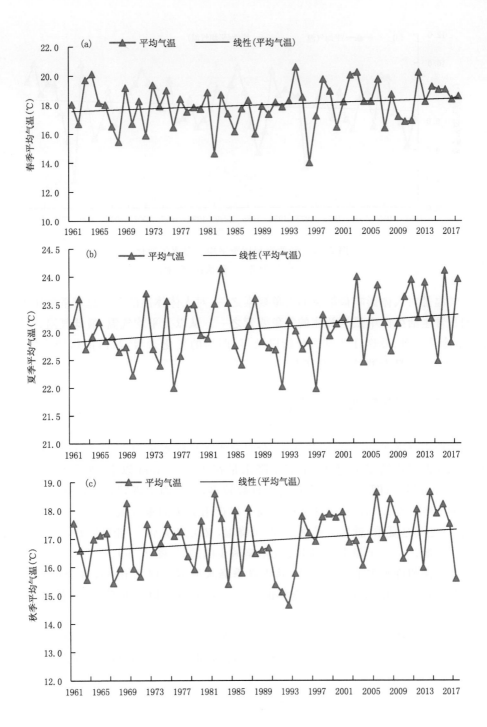

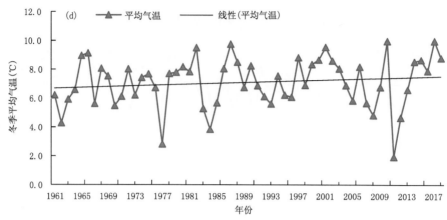

图 2.14 黔西南州四季平均气温逐年变化

（a.春季；b.夏季；c.秋季；d.冬季）

气温是对人体影响最敏感的气象要素之一,对人体体温的调节起着重要作用,是人们日常生活生产中最为关注的气象要素之一。从以上平均气温、最低气温、最高气温、最冷月气温、最热月气温的分析以及年、四季的变化来看,黔西南州四季气温温和,冬无严寒、夏无酷暑,气温宜人。

2.3 昼晴夜雨,降水充沛

黔西南州降水量丰富,雨热同季,全州常年平均降水量为 1324.0 mm,空间分布呈自东向西逐步增多的趋势,东部年降水量在 1200.0 mm 以下,西北和西南部在 1400.0 mm 以上(图 2.15)。全年阴雨日数较多,且夜雨出现频率高,夜雨量占总降水量的 66%(图 2.16),这个比例明显高于以夜雨著称的重庆城口(45.5%),多夜雨的天气(尤其是夏季)就像天然淋浴,既可降温,又可清洗空气,能见度好,非常有利于出行和旅游。全州年降水量的年变化呈略减少的趋势(图 2.17)。

黔西南州降水季节分布不均,其中夏季降水最多(714.2 mm),占全年的 54%,冬季降水稀少(73.0 mm),约占全年的 5%。春、秋两季降水相差不大,各占全年约 20%(图 2.18)。

从全州主要景点区域自动气象站监测数据结果来看,各景点降水丰沛,月际变化趋势与各气象站点一致(图 2.19)。各景点降水四季变化趋势与各气象站点基本一致,大部分景点的秋季降水略多于春季(图 2.20)。

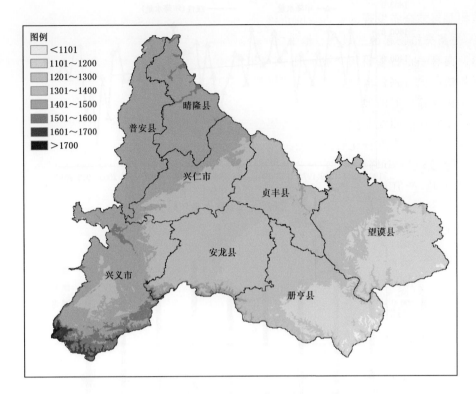

图 2.15　黔西南州年平均降水量(mm)分布

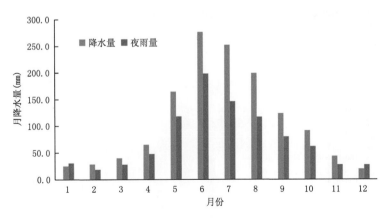

图 2.16　黔西南州各月降水量(夜雨量)变化

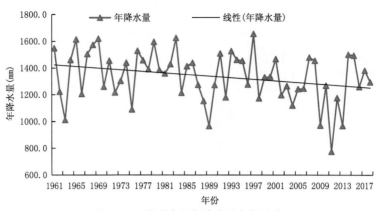

图 2.17 黔西南州年降水量年际变化

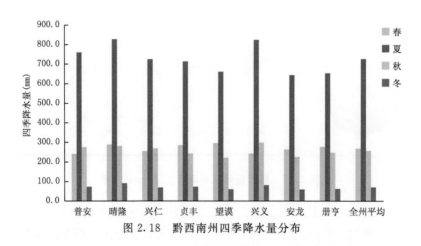

图 2.18 黔西南州四季降水量分布

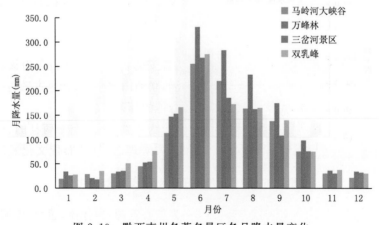

图 2.19 黔西南州各著名景区各月降水量变化

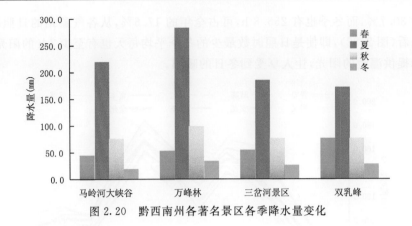

图 2.20　黔西南州各著名景区各季降水量变化

2.4　日照温和，紫外线弱

黔西南州是贵州省日照时数相对较丰富的地区，全州除了望谟县以及西北部边缘海拔较高的地区日照时数在 1300.0 h 以下，大部分地区日照时数在 1450.0 h 以上(图 2.21)。全州常年日照时数 1455.4 h，其中夏季最多，日照时数为 447.0 h，占

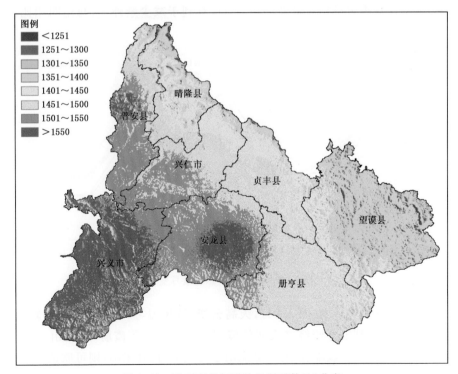

图 2.21　黔西南州年平均日照时数(h)分布

全年的 30.7％,而冬季也有 256.8 h,可占全年的 17.6％,从各气象站的日照时数月变化来看(图 2.22),即使是日照时数最少的冬季平均每天也有至少 2 h 的阳光,能够在冬季提供温暖的阳光,让人享受到冬日的暖阳。

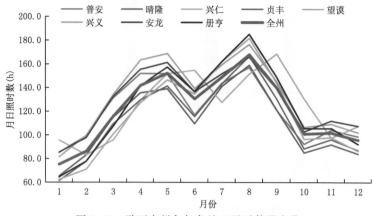

图 2.22　黔西南州各气象站日照时数月变化

黔西南州年平均总云量 7.5 成,在中国属于云量较高区域之一,也是紫外线较少的区域,特别是夏季云量相对最高(图 2.23),有利于减少紫外线,与昆明相比,具有明显的紫外线少的优势。

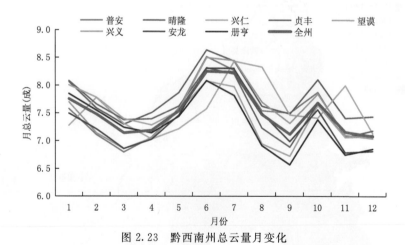

图 2.23　黔西南州总云量月变化

春、秋季云量相对最少(图 2.24),天高云淡,微风习习,非常舒适。在黔西南州游者可在早间欣赏到云雾缭绕之人间仙境,朝阳初露,云蒸霞蔚,来到山顶,云雾散去,可极目远眺,美景尽收眼底,有一览众山小之气概;傍晚来临,则可欣赏日落、霞光之美景。

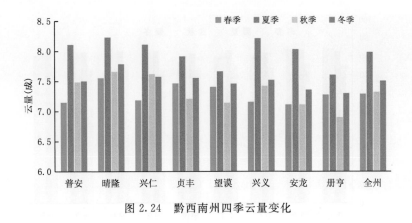

图 2.24　黔西南州四季云量变化

2.5　湿度适中,气候湿润

黔西南州年均相对湿度为 79.6%,从多年月平均相对湿度变化趋势来看(图 2.25),就全州而言,2—5 月略低,为 72%~78%,其余月份均高于 80%,10 月最高,为 83.4%。其中,各市县最低相对湿度出现在 4 月,兴义最低为 70.3%。总体而言,黔西南州湿度条件适中,湿润的气候有利于人类居住以及大多数植物和农作物生长发育。

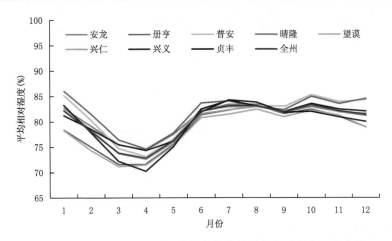

图 2.25　1961—2018 年黔西南州各气象站平均相对湿度逐月变化

从四季平均相对湿度分布情况来看(图 2.26),春季最低,仅为 74%;夏、秋季为 83% 和 82%;冬季次之,约为 81%。各市县而言,兴义市春季相对湿度最低,为 72.5%;晴隆春季最高,为 76.3%;除普安、晴隆、兴仁外,其他市县夏季相对湿度均高于秋季;望谟冬季相对湿度最低,为 77.2%;普安冬季最高,为 84.5%。

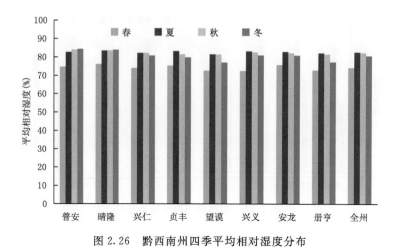

图 2.26　黔西南州四季平均相对湿度分布

近 58 年,黔西南州相对湿度总体呈下降趋势(图 2.27),下降速率为 0.8%/10 年,其中相对湿度在 1968 年达最高,为 83.5%,2009 年相对湿度最低,为 75.2%。

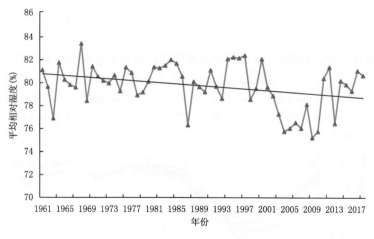

图 2.27　1961—2018 年黔西南州年均相对湿度变化趋势

2.6　轻风徐徐,气压适宜

黔西南州年均风速为 1.9 m/s,由各气象站多年月平均风速分布可知(图 2.28),全州 2—5 月风速最大,均在 2.0 m/s 以上,8 月最低,为 1.5 m/s,其余月份均处于 1.5~1.8 m/s。

就四季平均风速分布情况而言(图 2.29),全州春季最大,为 2.2 m/s;夏季和冬季次之,均为 1.7 m/s;秋季最低为 1.6 m/s。从旅游景区区域站实测年均风速分布

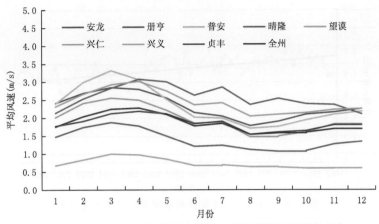

图 2.28　1961—2018 年黔西南州各气象站平均风速逐月变化

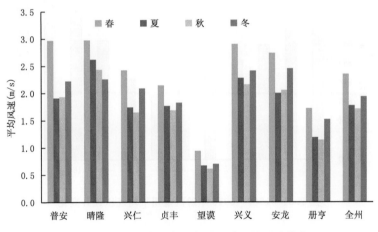

图 2.29　黔西南州各气象站四季平均风速分布

来看,双乳峰、茶文化生态旅游景区、三岔河年均风速均低于 1.8 m/s,茶文化生态旅游景区年平均风速均小于 0.2 m/s,双乳峰 2012 年平均风速最大,为 1.7 m/s。

总体来说,黔西南州风力等级处于 1～2 级,属轻风,通风散热条件较好,春、秋季多微风拂面,夏季清风徐徐,冬季无寒风刺骨,正可谓清风徐来,水波不兴,舒适宜人,令人心旷神怡。

从黔西南州年均风速变化来看(图 2.30),近 58 年平均风速总体呈下降趋势,变化速率约为每 10 年 0.06 m/s。其中,1969 年平均风速最大,为 2.1 m/s;2008 年平均风速最小,仅为 1.6 m/s。

黔西南州常年平均气压为 888.2 hPa,最高 890.4 hPa(1995 年),最低 881.4 hPa(1970 年)。从月变化来看(图 2.31 和图 2.32),黔西南州全年呈"U"型分布,秋、冬

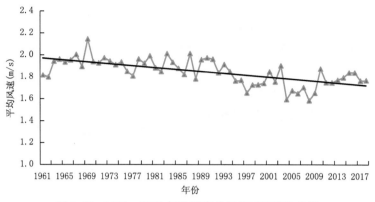

图 2.30   1961—2018 年黔西南州年均风速变化趋势

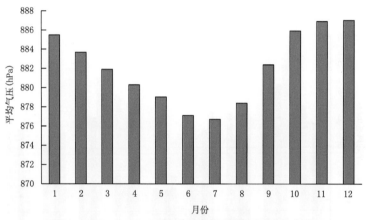

图 2.31   1961—2018 年黔西南州平均气压逐月变化

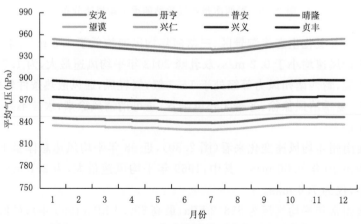

图 2.32   1961—2018 年各气象站平均气压逐月变化

两季气压较高,分别为 885.1 hPa 和 885.4 hPa;春季次之,为 880.4 hPa;夏季气压最低;为 877.4 hPa。由多年平均气压月变化分布(图 2.31)可以看出,5—8 月较低,在 876.7～879.0 hPa 之间,10 月—次年 1 月较高,最高值出现在 12 月(887.1 hPa),最低值出现在 7 月(876.7 hPa)。

总体来说,黔西南州的气压稳定,气压适中,位于人体舒适区间,四季均非常适宜人们康养及旅游。

2.7 灾害较少,安全宜居

气象灾害的发生对于人类生产生活有一定的影响,不仅会对生态环境造成破坏,而且影响人们旅游出行等活动,甚至会对生命财产安全造成威胁。黔西南州极端气象灾害相对较少,无论是对于居住还是旅游出行都较为有利,全年无沙尘暴、霾、台风等灾害。

冰雹是一种破坏性较强的气象灾害,黔西南州冰雹发生频率较低,各月平均冰雹日数不足 1 d,以 4 月居多,平均为 0.6 d,仅在 1968 年 4 月出现过 6 d 的冰雹,3 月和 5 月次之,其余月份发生次数均较低(图 2.33)。

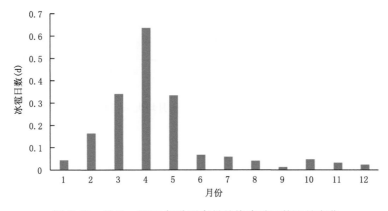

图 2.33 1961—2018 年黔西南州月均冰雹日数逐月变化

黔西南州日降水量在 50 mm 以上的暴雨日数年均为 4 d,主要集中在 6—7 月(图 2.34),最多为 6 月,约为 1.2 d。

雷暴和大风也是影响旅游出行的两种常见气象灾害。黔西南州年均大风日数不足 10 d(图 2.35),以 3 月居多,平均为 2 d 左右。

黔西南州出现雷暴日数全年约为 64 d,以 7—8 月居多,约为 12 d(图 2.36);6 月次之,为 10 d;1—2 月和 11—12 月均不到 2 d。

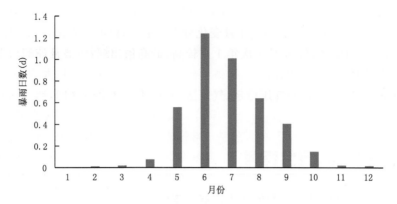

图 2.34　1961—2018 年黔西南州月均暴雨日数逐月变化

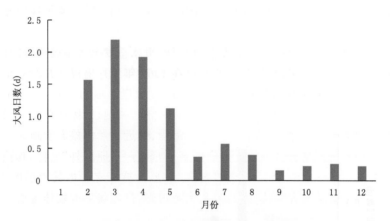

图 2.35　1961—2018 年黔西南州月均大风日数逐月变化

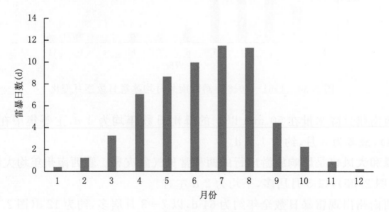

图 2.36　1961—2018 年黔西南州月均雷暴日数逐月变化

2.8 气象万千,水墨如画

黔西南州属低纬度中高海拔地区,特殊的山区地形造就了丰富多彩的气象景观,称得上"一山有四季,十里不同天"。随着一天中日出日落的变化,气象风云的变幻,可以看到诸多不同的迷人景色,云海、云雾、霞光、曙光、暮光、彩虹、烟雨等如同一幅幅水彩画卷呈现于自然之中。常见的气象观光资源有万峰林霞光、白龙山日出日落、白龙山云海、云湖山云海、双乳峰云海、见峰坪云海日出等(图 2.37)。

万峰林霞光(摄影 左:吴明 右:蒋挺)

万峰林云海(摄影 左:蒋挺 右:张德厚)

双乳峰云海(摄影:张德厚)　　　云湖山云海(摄影:张霆)

图 2.37　黔西南州四季风景如画

2.9 四季康养气候优势

"康养"是借助于优越的自然、人为条件,通过科学的方法促进个人在身体、心理和精神等方面不断完善、和谐并最终达到最佳健康状态的过程。"气候康养"是以良好的生态气候资源条件为依托,把气候资源转化为旅游资源、生态资源和经济资源,借助良好的自然生态环境以及丰富的养生文化,寓旅游于养生、寓养生于旅游的一种新兴的特色旅游活动。气候与康养活动息息相关,人类的健康和人体舒适度受到多方面因素的影响,在自然环境中,气象因素是影响人体舒适度的主要因子,主要包括温度、湿度、风以及气压等对人体舒适度的影响,同时也影响游客户外体验及旅游业发展(唐进时 等,2015;闫业超 等,2013)。

舒适气候表征人体对气候条件感觉的舒适程度,是气候康养的重要指标之一,它是从气候角度评价人类在不同气候条件下舒适感的气象指标,也是评判旅游气候资源的重要指标。本书基于黔西南州 1961—2018 年气象资料,综合国内大量研究成果,选取综合舒适度指数(CC)、人体舒适度指数(BCMI)、度假气候指数(HCI)和避暑旅游气候舒适度指标(L),综合分析及评价黔西南州四季气候对人体舒适感的影响,并与国内主要旅游城市进行对比。

(1)综合舒适度指数(CC)

综合考虑湿度、温度、风速、太阳辐射和人体代谢对体感的影响,把温湿指数、风效指数、着衣指数这三种指数综合起来,并利用加权模型重新构建一种综合性强的气候舒适度指数,以此用作评价综合舒适期的评价标准(见附录 A.3.4)。

(2)人体舒适度指数(BCMI)

从气象角度来评价不同气候条件下的人体舒适感,表示在某种气温、湿度和风速等条件下人体对气候环境感觉舒适的程度,是根据人类机体和大气环境之间的热交换制定的气象指标,也是目前气象业务中用作舒适度预报较为普遍的一种方法(见附录 A.3.5)。

(3)度假气候指数(HCI)

由 3 个因子按照不同比例构成,分别为:热舒适因子 Tc,占 40%,表示人体对温度高低的感觉,通过日最高气温和日平均相对湿度利用公式获得有效温度来表征;审美因子 A,通过云量的多少表征,占 20%;物理因子 P,通过降水量(R)和风速(V)来表征,占 40%(见附录 A.3.6)。

(4)避暑旅游气候舒适度指标(L)

结合贵州自身气候特点及人们在贵州夏季避暑的切身感受,贵州省气象局制定了贵州省避暑旅游气候舒适度指标,该指标不仅考虑了温度、湿度和风速等因子,还考虑了日照、云量、夜雨、白天降水、气温日较差、空气质量、植被指数等因子,能够凸显这些因子在避暑旅游中的影响(见附录 A.3.7)。

2.9.1　春早花期长

(1)春季气候条件

根据《气候季节划分》(QX/T 152—2012)标准,利用黔西南州常年平均逐日气温(图 2.38),计算表明,黔西南州常年平均入春时间为 2 月上旬,其中南部的望谟、册亨常年入春时间为 1 月 1 日,入春时间相对较早,风和日丽的春季持续到 5 月下旬,常年平均春日数为 119 d,是贵州油菜花、迎春花等最早盛开区域和最适赏花地区,春季持续时间长、适宜康养。

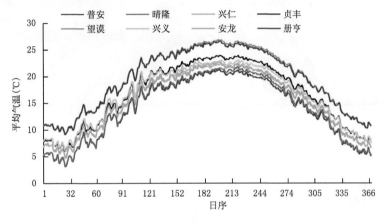

图 2.38　1981—2010 年黔西南州平均逐日气温变化

黔西南州春季平均气温为 17.4℃,空间上呈现南部高、北部低的变化趋势(图 2.39),望谟、册亨等地的春季平均气温在 19.0℃左右,普安、晴隆等地的平均气温在 13.0～15.0℃,其余大部分区域的平均气温在 15.0～19.0℃,春季气温温和,"春暖花开"宜人气候持续时间长。

黔西南州春季降水量在空间上呈由西向东逐渐增多的变化趋势(图 2.40),西部降水在 253 mm 以下,东部在 275 mm 以上,其余大部分地区降水在 253～274 mm。

黔西南州春季日照时数在空间上呈由西向东逐渐减少的变化趋势(图 2.41),兴义市、普安县、安龙县等地日照时数在 400 h 以上,望谟县等地日照时数在 300 h 以下,其余地区的日照时数在 300～400 h。

春季气温温和,主要是受西南热低压的影响。西南热低压是出现在云、贵、川三省附近的一个闭合暖低压。通过对 2006—2015 年春季天气图资料进行统计发现,这一区域内受热低压影响共计 2110 时次,3 月、4 月、5 月各出现 619、734、757 时次。热低压根据出生源地的不同,可分为 N 型热低压和 L 型热低压。对热低压成熟时期

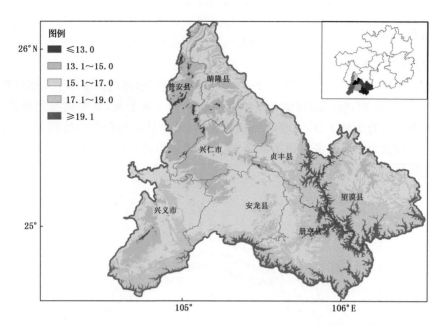

图 2.39   黔西南州春季平均气温(℃)分布

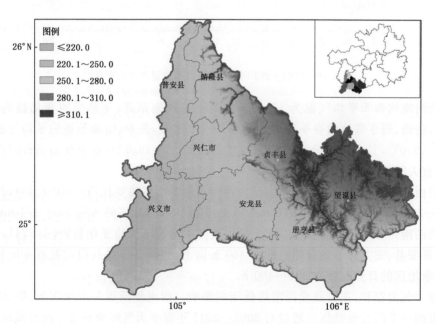

图 2.40   黔西南州春季降水(mm)分布

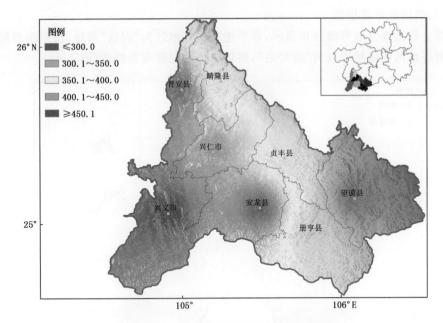

图 2.41　黔西南州春季日照时数(h)分布

进行合成分析,得到 N 型热低压和 L 型热低压的平均气压、温度、风场分布,由图 2.42 可以看出,不论是 N 型还是 L 型热低压成熟时,黔西南州均处在热低压控制下,气象要素具有明显的日变化特征,天气晴朗、日照较强,气温升高很快,是黔西南州春季升温的主要影响天气系统(熊方 等,2008;杨静 等,2013)。

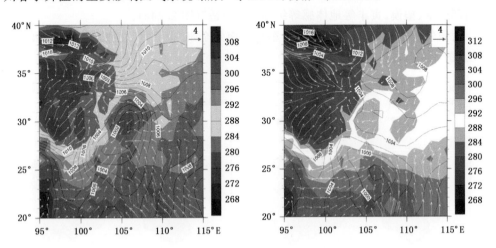

图 2.42　热低压成熟期气压(实线,单位:hPa)、温度(填色,单位:K)、风场(箭头,单位:m/s)分布
(左图为 N 型热低压,右图为 L 型热低压)

（2）气候舒适度指数

综合舒适度指数等级分布显示,春季绝大部分地区为"舒适"等级,仅东南部局地低热河谷地区的体感等级为"较舒适",整体人体感觉程度为舒适(图2.43)。

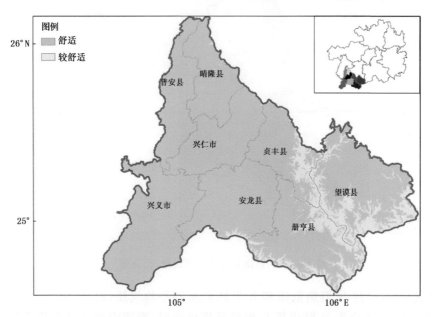

图2.43　黔西南州春季综合舒适度指数等级分布

人体舒适度指数等级分布显示,春季绝大部分地区为"凉舒适"及以上等级,其中东南部册亨、望谟、贞丰等地体感等级为"最舒适"(图2.44a)。

度假气候指数等级分布显示,春季黔西南州全州"很适宜"度假,很适宜开展户外活动(图2.44b)。

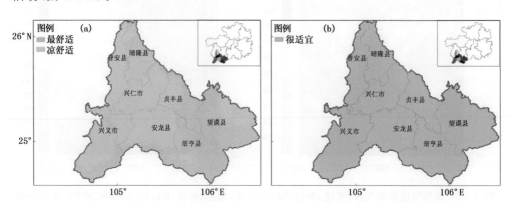

图2.44　黔西南州春季人体舒适度指数(a)和度假气候指数(b)等级分布

2.9.2　夏凉宜避暑

（1）夏季气候条件

夏季适宜避暑，夏季平均气温为 22.6℃，其中北部普安和晴隆等地的常年滑动平均气温序列无大于或等于 22.0℃，按照《气候季节划分》（QX/T 152—2012）标准属于"无夏区"，夏季无暑热且夏季日数较短，常年平均夏日数为 69 d。全州除了东南部低热河谷地区夏季平均气温大于 25.0℃，大部分地区平均气温均未超过 25.0℃（图 2.45）。黔西南州日最高气温≥35℃的高温日数年均为 2 d，夏季没有酷暑天气，全州大部分区域温度范畴是人体感觉舒适的环境温度。

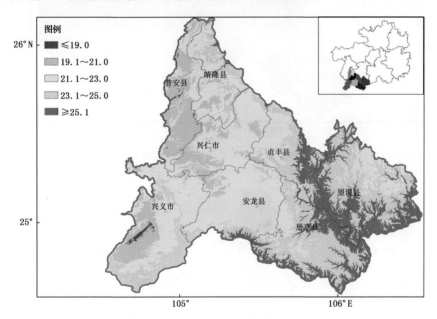

图 2.45　黔西南州夏季平均气温（℃）分布

降水充沛，昼晴夜雨。黔西南州雨水充沛，空间上呈自西向东减少的变化趋势（图 2.46），西部降水在 756 mm 以上，册亨、望谟等地降水在 682 mm 以下，其余大部分地区降水在 682~755 mm。黔西南州夏季降水最为突出的特点是昼晴夜雨，以夜间降雨为主。昼晴夜雨不仅对森林保持水汽有很好的作用，而且夜雨有助于睡眠，昼晴便于观光旅游，同时多雨天气利于空气污染物沉降，利于形成湿润清新的空气。

黔西南州夏季平均日照时数呈自南向北逐渐减少的分布特征（图 2.47），兴义、安龙、册亨和贞丰等大部地区日照时数在 430 h 以上，北部地区日照时数在 370 h 以下，其余大部分地区日照时数在 370~430 h。

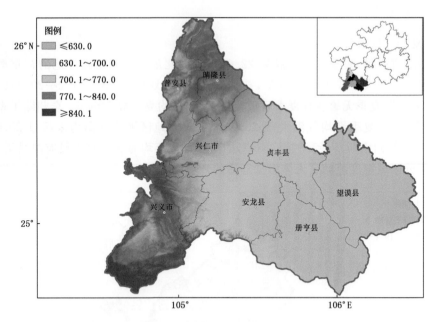

图 2.46　黔西南州夏季降水(mm)分布

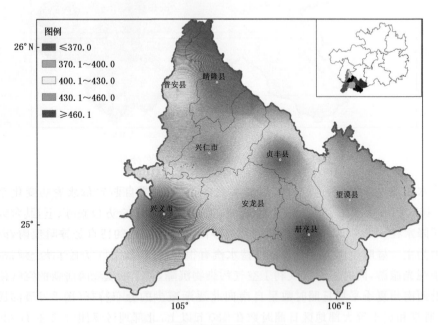

图 2.47　黔西南州夏季日照时数(h)分布

（2）气候舒适度指数

综合舒适度指数等级分布显示,夏季大部分地区等级为"舒适",东南部低热河谷地区等级为"较舒适",全州综合舒适度指数在"较舒适"等级以上(图 2.48)。

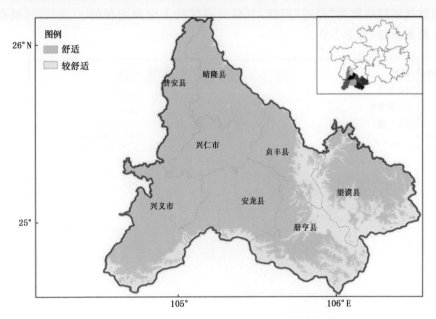

图 2.48　黔西南州夏季综合舒适指数等级分布

人体舒适度指数等级分布显示,夏季绝大部分地区等级为"最舒适",仅东南部册亨、望谟、贞丰等地等级为"暖舒适"(图 2.49a)。

度假气候指数等级分布显示,夏季全州"很适宜"度假,仅东南部低热河谷区为"适宜"度假区(图 2.49b)。

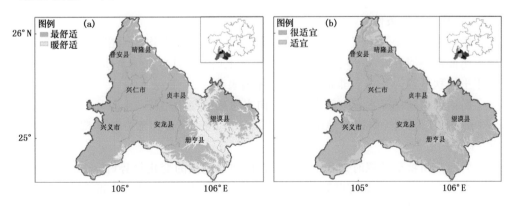

图 2.49　黔西南州夏季人体舒适度指数(a)和度假气候指数(b)等级分布

　　夏季黔西南州温度适宜,光照资源充足,降雨充沛,水力资源丰富,自然生态环境优良,成为人们避暑观光、休闲康养的好去处。

　　根据夏季避暑旅游气候舒适度指数计算,结果显示,夏季黔西南州大部分区域的避暑旅游气候舒适度为"舒适"等级,气候舒适区约占全州面积的 91.5%,气候条件很适宜避暑旅游(图 2.50)。

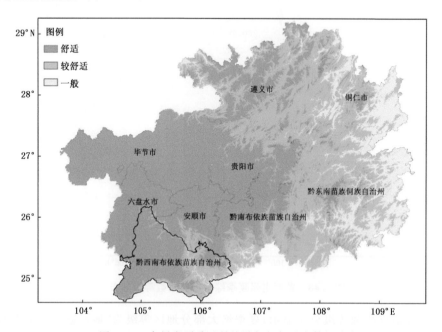

图 2.50　贵州省夏季避暑旅游气候舒适度等级分布

2.9.3　秋爽云天高

(1)秋季气候条件

　　黔西南州秋季平均气温为 16.8℃,全州大部分区域平均气温在 14.0～20.0℃,仅东南部低热河谷区的平均气温在 20.0℃ 以上(图 2.51),秋季全州气温温和舒爽,常年平均秋日数为 110 d,非常适宜旅游休闲康养。

　　黔西南州秋季降水在空间上呈自西向东递减的变化趋势(图 2.52),西部降水在 270 mm 以上,册亨、望谟等地降水在 239 mm 以下,其余大部分地区降水在 239～269 mm。

　　黔西南州秋季日照时数在空间上呈自南向北递减的变化趋势(图 2.53),南部日照时数在 320 h 以上,北部晴隆等地日照时数在 280 h 以下,其余大部分地区日照时数在 280～320 h。

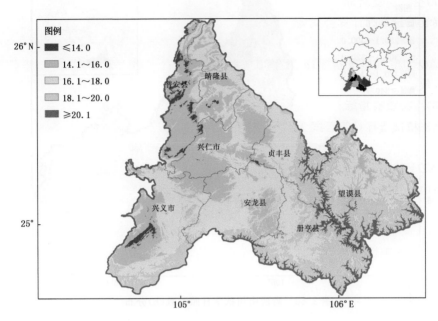

图 2.51 黔西南州秋季平均气温(℃)分布

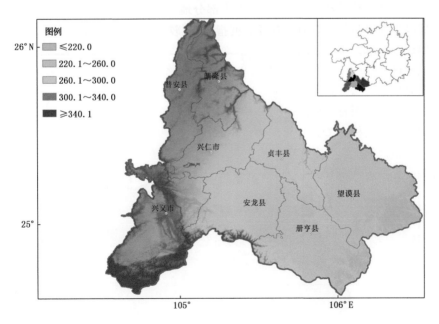

图 2.52 黔西南州秋季降水(mm)分布

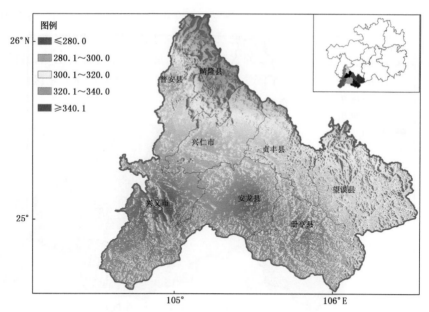

图 2.53　黔西南州秋季日照时数(h)分布

（2）气候舒适度指数

综合舒适度指数等级分布显示,秋季大部分地区等级为"舒适",仅东南部低热河谷地区等级为"较舒适",全州综合舒适度指数在"较舒适"等级以上(图 2.54)。

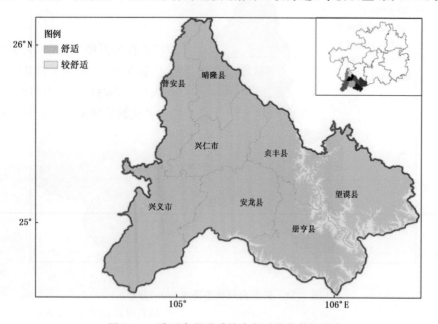

图 2.54　黔西南州秋季综合舒适指数等级分布

人体舒适度指数等级分布显示,秋季全州大部分地区等级为"凉舒适"等级以上,其东南部册亨、望谟、贞丰等地等级为"最舒适"(图 2.55a)。

度假气候指数等级分布显示,秋季全州"很适宜"度假,秋季气温凉爽,景色宜人,非常适宜度假旅游和开展户外活动(图 2.55b)。

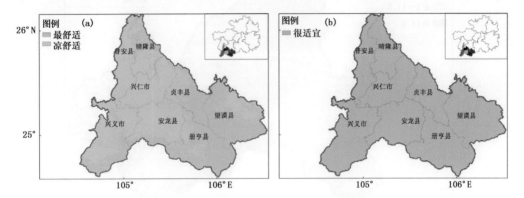

图 2.55　黔西南州秋季人体舒适度指数(a)和度假气候指数(b)等级分布

2.9.4　冬暖树常绿

(1)冬季气候条件

黔西南州冬季平均气温为 8.4℃,日最低气温≤0℃日数年均 8 d,寒冷时间短,常年平均冬日数为 67 d,空间分布上(图 2.56),大部分区域平均气温在 7.0～11.0℃,东南部低热河谷区平均气温在 11.0℃以上,属于典型的"冬无严寒"气候,其中望谟和册亨常年滑动平均气温序列无连续 5 d 小于或等于 10℃,按照《气候季节划分》(QX/T 152—2012)标准属于"无冬区"。

黔西南州冬季降水在空间上呈自西向东递减的变化趋势(图 2.57),西部降水在 78 mm 以上,册亨、望谟等地降水在 65 mm 以下,其余大部分地区降水在 65～77 mm。

日光作为旅游活动中不能缺少的因素,日照时数的长短意味着晴天、阴天及雨天的多少,这对旅游者的出行方便与否及心理的愉快程度有着很大的影响。日照时数是一个地区气候干、湿、冷、暖的重要指标,对旅游活动来说,晴朗天气不仅赋予旅游景点更多的形态美、色彩美、视觉美,而且对人体健康也大有裨益,所以旅游者会尽量希望在晴好天气外出旅游。

黔西南州冬季日照时数在空间上呈自西向东递减的变化趋势,兴义、安龙、普安和兴仁等地日照时数在 260 h 以上,望谟、册亨等地日照时数在 220 h 以下,其余大

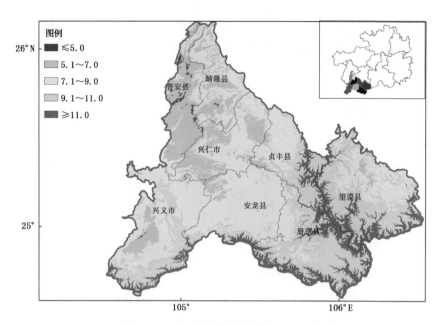

图 2.56 黔西南州冬季平均气温(℃)分布

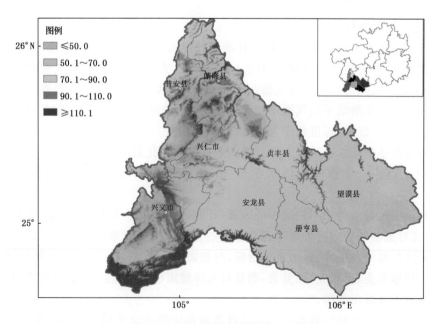

图 2.57 黔西南州冬季降水(mm)分布

部分地区日照时数在 220～260 h(图 2.58),与其他市州相比,日照时数长是黔西南州冬季的显著优势(图 2.59)。

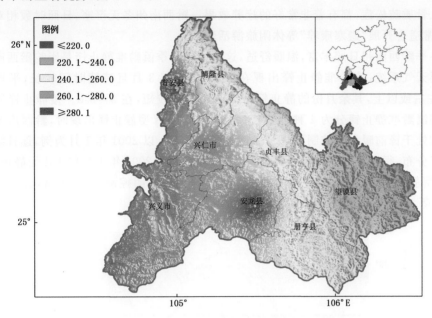

图 2.58　黔西南州冬季日照时数(h)分布

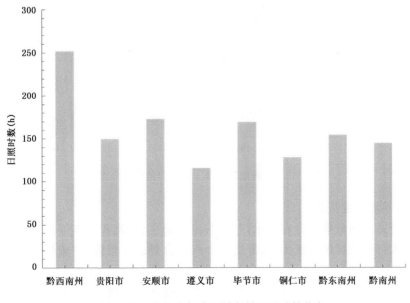

图 2.59　贵州省冬季不同市州日照时数分布

冬季阳光充足,对增加人体皮肤和内脏器官的血液循环、提高造血功能、调节中枢神经、增强人体各部位新陈代谢和免疫功能均大有益处,特别是对防治儿童佝偻病和成人骨质疏松症,都有着非常好的疗养效果。黔西南州冬无严寒,日照时数相对较长,非常适合开展"避寒康养"等休闲旅游活动。

冬季黔西南州日照丰富,温暖舒适,这是由于冬季滇黔准静止锋是影响黔西南州的主要天气系统,滇黔准静止锋出现在 11 月—次年 3 月且持续时间较长,平均在10 d 左右或以上,其余月份的静止锋持续时间相对较短,在 3~6 d。按静止锋所处位置将滇黔准静止锋分为 4 种类型(图 2.60),当Ⅲ、Ⅳ型静止锋出现时,黔西南州地区经常处于锋前暖气团控制下,天气晴朗、气温升高。以 2001 年 1 月为例,逐日统计静止锋分布,得到 4 种类型静止锋出现日数,可以看到 2001 年 1 月仅 1 d 无静止锋,Ⅲ、Ⅳ型静止锋存在 15 d,此时黔西南州处于锋前暖气团控制,日照丰富,温暖舒适(段旭 等,2017;杜正静 等,2007)。

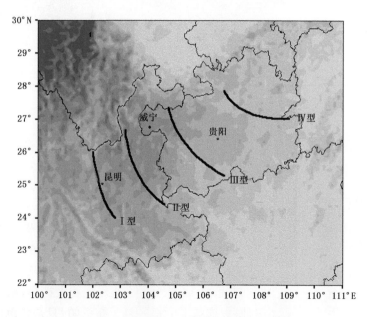

图 2.60　滇黔准静止锋 4 种类型的位置分布

(2)气候舒适度指数

综合舒适度指数等级分布显示,冬季东南部册亨、望谟和贞丰等地的等级为"舒适",其余大部分地区的等级为"较舒适",全州综合舒适度指数在"较舒适"等级以上(图 2.61)。

人体舒适度指数等级分布显示,全州大部分地区的等级为"凉舒适",普安、晴隆等高海拔地区的等级为"清凉"(图 2.62a)。

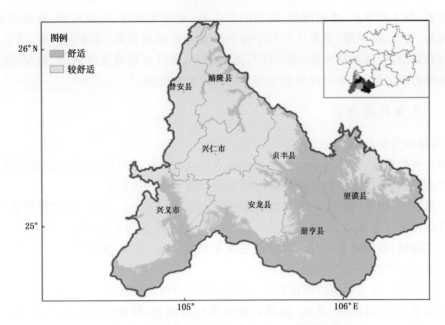

图 2.61　黔西南州冬季综合舒适指数等级分布

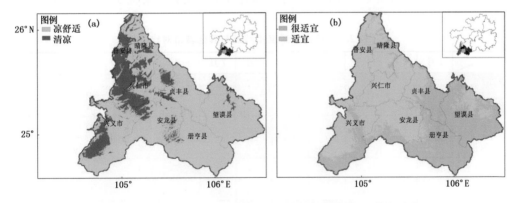

图 2.62　冬季人体舒适度指数(a)和度假气候指数(b)等级分布

度假气候指数等级分布显示,冬季东南部册亨、望谟和贞丰等地"很适宜"度假,其余大部分地区为"适宜"度假区(图 2.62b)。

冬季旅游是以休闲娱乐、放松身心、养生避寒等为目的,前往另一地区,进行一段时间的停留活动。黔西南州冬季无严寒,望谟、册亨等地属于"无冬区",非常适合开展避寒等休闲旅游活动,此外黔西南州冬季日照资源相对充足,适宜开展阳光康养。

从分析结果可以看出,黔西南州一年四季适宜开展不同风格的康养活动,四季分明,气温变化不大,春温秋爽,"春暖花开"或"秋高气爽"的春秋相连,持续时间长,适宜日数多,是人们观光、休闲康养、度假的好去处;夏季无酷暑、雨量充沛、雨热同季、昼晴夜雨,普安、晴隆等"无夏区",利于避暑型旅游活动的开展;冬季无严寒,适宜人们居住和旅游,望谟和册亨等"无冬区",温暖舒适,可开展避寒旅游活动,普安、兴仁和安龙等日照时数长,可以开展阳光康养等休闲旅游活动。

2.9.5　气候舒适期长

(1)综合气候舒适期

综合考虑湿度、温度、风速、太阳辐射和人体代谢对体感的影响,利用综合性强的气候舒适度指数,以此用作评价黔西南州综合舒适期的评价标准。

结果表明:黔西南州1—12月综合舒适度指数为6.0~9.0,均属于"较舒适"及以上等级,其中,春季月、秋季月以及6月和8月的综合舒适度指数为7.0~9.0,属于"舒适"等级;冬季月和7月的综合舒适度指数为6.0~6.6,按照综合舒适度等级分类标准,属于"较舒适"等级。

与省内和国内主要旅游城市相比,黔西南州综合舒适期长度高于本省的贵阳、安顺和六盘水;与周边昆明、重庆、成都和桂林等城市相比,综合舒适度长度略好于昆明,优于其他城市,夏季月综合舒适度指数明显好于重庆、成都和桂林;与国内其他旅游城市相比,黔西南州冬季月和夏季月的综合舒适度指数显著优于上海、杭州、西安和南京等地(表2.3)。

表2.3　综合舒适度指数及与其他城市对比

	1月	2月	3月	4月	5月	6月	7月	8月	9月	10月	11月	12月
黔西南	6.0	6.2	7.6	8.4	7.2	7.2	6.6	7.0	7.2	9.0	7.6	6.2
兴义	6.0	6.2	7.6	8.4	7.2	7.2	7.0	7.2	7.2	9.0	7.6	6.2
贵阳	4.2	5.4	6.2	9.0	7.2	7.2	6.4	7.2	7.2	9.0	6.2	6.0
安顺	4.2	4.2	6.2	7.8	9.0	7.2	6.0	7.2	7.2	7.8	6.2	4.8
六盘水	3.0	4.2	6.2	7.6	9.0	8.4	7.2	7.2	9.0	7.6	6.2	4.8
昆明	6.4	6.6	7.8	8.4	8.2	7.2	7.0	7.0	8.2	8.4	6.6	6.4
重庆	6.2	6.6	7.8	8.4	6.6	5.2	4.0	3.4	5.4	8.4	7.8	6.2
成都	5.0	6.6	6.6	8.4	7.2	5.2	4.0	4.0	7.2	8.4	6.6	6.2
桂林	6.2	6.6	7.8	7.2	5.4	4.0	3.4	3.4	4.2	7.2	7.8	6.2
上海	4.4	4.6	6.6	7.8	7.2	5.2	4.0	4.0	5.4	8.4	7.8	4.4
杭州	4.4	4.6	6.6	9.0	7.2	5.2	3.4	3.4	5.4	8.4	7.8	4.4
西安	3.2	4.6	6.6	7.8	7.2	5.2	4.0	5.2	7.2	6.6	6.2	3.8
南京	3.2	4.4	6.2	7.6	7.0	5.2	4.0	4.0	5.2	8.2	6.2	4.4

注:绿色表示"舒适"、蓝色表示"较舒适"。红色标注是为了重点突出黔西南,余同。

黔西南州多年平均综合舒适期分布显示,全州大部地区较舒适和舒适期为 280～320 d,兴义、安龙、贞丰和兴仁等地为 320 d 左右(图 2.63)。

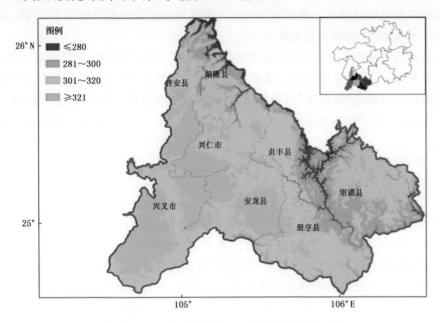

图 2.63　黔西南州多年平均综合舒适期(d)分布

(2)人体舒适度指数(BCMI)

黔西南州舒适期在 3—11 月,最佳舒适期在 5—9 月,舒适期持续长达 9 个月,最佳舒适期持续长达 5 个月(表 2.4)。

表 2.4　人体舒适度指数及与其他城市对比

	1 月	2 月	3 月	4 月	5 月	6 月	7 月	8 月	9 月	10 月	11 月	12 月
黔西南	42	45	51	58	63	66	68	67	64	58	51	50
兴义	42	45	52	59	63	65	67	66	63	58	51	44
贵阳	38	40	47	55	61	65	68	67	63	56	49	41
安顺	36	39	46	54	59	63	65	65	61	54	47	40
六盘水	35	38	45	52	57	60	63	62	58	52	45	38
昆明	44	47	51	56	60	62	63	63	60	55	50	45
重庆	43	45	52	59	66	70	75	75	68	61	55	48
成都	41	44	50	58	65	69	73	72	66	59	53	45
桂林	43	45	52	61	68	73	76	75	70	63	58	50
上海	37	38	44	52	60	67	74	74	68	60	54	45
杭州	38	40	46	56	64	70	76	75	68	60	54	45
西安	34	38	46	55	62	69	72	71	63	54	46	38
南京	35	38	45	54	63	69	75	74	67	58	48	39

注:绿色表示"最舒适"、蓝色表示"舒适"。

按国际上气候适宜区的分类标准(人体舒适度指数等级为 4～6 级的总日数大于 165 d 的地区为一类气候适宜区,151～165 d 的地区为二类气候适宜区,少于 151 d 的地区为三类气候适宜区),黔西南州有 9 个月人体舒适度指数等级为 4～6 级,总日数达 226 d,属于"一类气候适宜区"。

与省内其他城市相比,人体舒适度指数"最舒适"月份与贵阳、安顺相差无几,较凉都六盘水多;与周边昆明、重庆、成都和桂林等热点旅游城市相比,黔西南州人体舒适度指数体感等级为"最舒适"月份长度与昆明持平,明显优于重庆、成都和桂林。与国内其他旅游城市相比,显著优于上海、杭州、西安和南京等地,尤其是夏季是避暑的好去处。

(3)度假气候指数(HCI)

黔西南州各月均"适宜"开展度假旅游活动($HCI \geqslant 60$),2—11 月度假气候指数在"很适宜"度假等级($70 \leqslant HCI \leqslant 81$),5 月和 9 月春暖花开、秋高气爽,光照、温度、湿度、降水和云量较为适中,为一年中度假旅游指数最高的月份,属于"特别适宜"度假旅游的月份($HCI \geqslant 80$),非常适宜居住、康养和度假旅游。

与省内城市对比,黔西南州全年"很适宜"度假的月份高于贵阳、安顺和六盘水等城市;与周边重庆、成都和桂林等热点旅游城市相比,与桂林在同一个水平,一年中有 10 个月"很适宜"度假,好于重庆和成都等城市;与国内其他旅游城市相比,黔西南州"很适宜"度假的月份优于上海、杭州、西安和南京等地(表 2.5)。

表 2.5　度假气候指数及与其他城市对比

	1 月	2 月	3 月	4 月	5 月	6 月	7 月	8 月	9 月	10 月	11 月	12 月
黔西南	66	70	75	77	80	75	75	79	81	79	73	64
兴义	66	70	77	79	75	70	70	72	77	75	73	68
贵阳	61	64	70	73	73	76	79	83	82	73	67	64
安顺	60	64	70	73	79	76	78	82	82	74	67	59
六盘水	61	65	72	74	73	75	82	83	78	68	65	63
重庆	61	62	68	76	79	78	75	76	80	77	69	63
成都	63	64	70	78	81	79	75	76	79	76	69	64
桂林	65	65	69	76	77	73	72	74	80	83	78	71
上海	66	66	69	77	82	80	74	76	83	85	76	69
杭州	65	65	70	77	81	77	72	74	81	84	75	69
西安	66	67	71	80	83	79	77	79	82	78	71	67
南京	62	63	69	77	80	79	73	77	78	80	74	63

注:绿色表示"很适宜"。

第 3 章

四季康养生态环境

　　黔西南州特殊的地理环境和温润的气候,以及长期的生态环境保护和建设,使得其生态环境十分优异,境内动植物种类繁多,生物多样性特征非常突出;森林资源丰富,森林覆盖度达 58.5%,负氧离子含量十分丰富,被誉为"天然大氧吧";全年空气指数优良天数率 100%,无雾霾的困扰,水质状态良好,城市声环境优良,四季生态宜居,人均寿命 79 岁,是颐养天年的理想之地。黔西南州绿色的生态、清新的空气、优良的水质、幽静的环境,是全国少有的能促进心肺功能和心血管自我修复的康养胜地。同时,黔西南州城镇建设优良,拥有众多的温泉度假酒店以及健康疗养基地,医疗体系十分完备,有黔西南州人民医院等 3 个三甲医院,医养结合,康养环境十分优质。

3.1　环境质量优良

3.1.1　生态优良

　　黔西南州近年来全面推进生态环保建设。近 3 年来,全州环境空气质量优良率达到 100%,2017 年位列全省第一,各县市城区 PM_{10}、$PM_{2.5}$ 平均浓度达到空气质量改善目标要求,未出现雾霾等重污染天气;全州水环境质量总体稳定,重点河流 16 个国控、省控地表水监测断面水质优良率 100%,16 个县级以上集中式饮用水水源地水质达标率 100%,稳定保持全省第一。中心城市兴义市环境和交通干线声环境质量状况较好,满足功能区要求。生态环保创建成果也颇为丰富,兴义市创建国家环保模范城市通过省级评估并不断巩固提升,全州共创建省级生态乡镇 4 个、生态村 12 个、州级生态乡镇 20 个、生态村 52 个,绿色学校 14 所。

　　生态环境状况指数(EI)是指反映被评价区域生态环境质量状况的一系列指数的综合。根据近年来黔西南州生态环境监测数据,全州生态环境状况指数均为优、良等级,黔西南州大部分市(县)的生态环境优良,植被覆盖度较高,生物多样性较丰富,适合人们来此康养居住(表3.1)。

表 3.1　生态环境状况分级标准

级别	优	良	一般	较差	差
指数	$EI \geqslant 75$	$55 \leqslant EI < 75$	$35 \leqslant EI < 55$	$20 \leqslant EI < 35$	$EI < 20$
描述	植被覆盖度高,生物多样性丰富,生态系统稳定	植被覆盖度较高,生物多样性较丰富,适合人类生活	植被覆盖度中等,生物多样性一般水平,较适合人类生活,但有不适合人类生活的制约性因子出现	植被覆盖度较差,严重干旱少雨,物种较少,存在着明显限制人类生活的因素	条件较恶劣,人类生活受到限制

备注:《生态环境状况评价技术规范》(HJ 192—2015)。

黔西南州良好的生态环境得益于州委、州政府不断强化环境保护"党政同责、一岗双责"和"管行业必须管环保"的工作机制,以"双十""双源"为主抓手,扎实推进"蓝天、绿水、净土"三大工程,着力解决影响科学发展和群众关心关注的突出环境问题,全州生态环境保护工作不断取得新进展。

3.1.2　空气清新

时下雾霾困扰着全国很多城市,良好清新的空气已成为人们旅游出行的重要驱动力。根据2014—2018年黔西南州环境空气质量报告,黔西南州近5年的空气质量等级均在二级及以上,即为优良状况,空气质量优良率为100%(表3.2)。根据统计,2014—2018年,黔西南州可吸入颗粒物PM_{10}年平均浓度都在50 $\mu g/m^3$ 以下,近5年全州都在空气质量"优"的范围内。2016—2018年,黔西南州细颗粒物$PM_{2.5}$年平均浓度都在35 $\mu g/m^3$ 以下,达到环境空气质量评价一级标准。总之,黔西南州空气质量一直处于优良状况,空气十分清新,符合现代人康养宜居的要求。

表 3.2　2014—2018 年黔西南州环境空气质量状况(单位:$\mu g/m^3$)

年份	优良日数(d)	优良率(%)	细颗粒物($PM_{2.5}$)	可吸入颗粒物(PM_{10})
2014	365	100	/	49
2015	365	100	/	19
2016	365	100	27	41
2017	365	100	18	37
2018	365	100	19	37

长久待在都市密闭房间内,人们会觉得精神不畅,当来到森林、海边、瀑布等地方的时候,会觉得神清气爽,这就是空气负离子的作用。空气负离子也叫负氧离子,是

指获得多余电子而带负电荷的氧气离子。自然界的放电(闪电)现象、光电效应、喷泉、瀑布等都能使周围空气电离,形成负氧离子。负氧离子在医学界享有"维他氧""空气维生素""长寿素""空气维生素"等美称。空气负离子浓度高低与人们的健康息息相关,负氧离子含量的高低和分布已经成为生态环境的重要指标之一,它对于开发生态旅游具有重要的指导意义。

根据 2018 年黔西南州负氧离子监测数据表明,全州 9 个监测点中 7 个监测点的负氧离子年平均值在 3000 个/cm³ 以上(表 3.3),根据《空气负(氧)离子浓度观测技术规范》(LY/T 2586—2016),当空气负氧离子浓度≥3000 个/cm³ 时,空气就达到Ⅰ级即最优等级。其中,黔西南州著名景区马岭河峡谷、万峰林、三岔河、双乳峰的负氧离子年均浓度≥3000 个/cm³,达到Ⅰ级标准。可见黔西南州主要景区的负氧离子含量都十分丰富,这有赖于当地森林覆盖率高,植被丰茂,溪河众多。这些当之无愧的"天然氧吧",是城市人民旅游度假、康养身心的最好去处。

表 3.3　黔西南州 2018 年负氧离子监测状况(单位:个/cm³)

监测点	年平均值	最大值	最大值出现月份
马岭河峡谷	24333	31000	9 月
万峰林	14083	18000	9 月
三岔河	13750	16000	4 月
双乳峰	11250	13000	4 月
二十四道拐	1775	2100	5 月
放马坪	3250	3700	5 月
鲤鱼坝	5650	7000	5 月
安龙招提	8533	16000	7 月
望谟蔗香	2125	3600	5 月

3.1.3　水环境优

按照《地表水环境质量标准》(GB 3838—2002)对黔西南州珠江流域南盘江水系、北盘江水系、红水河水系开展环境质量监测评价。全州珠江流域三大水系六条河流的九个监测断面达到Ⅲ类及以上类别,水质达标率为 100%;出境断面水质为Ⅱ类,达到规定水质功能类别要求;中心城市兴义市集中式饮用水源地兴西湖、木浪河、围山湖水质达标率为 100%;县级以上城镇集中式饮用水源地水质达标率为100%(来源于 2014—2018 年《黔西南州环境状况公报》)。

2018 年,全州 13 个县级城镇集中式饮用水源地水质达标率为 100%,其中Ⅱ类水质比例接近 70%(图 3.1)。从总体上看,全州饮用水水源地水质状况良好,为居民饮用水质量安全提供了保障,进而保障了康养宜居。

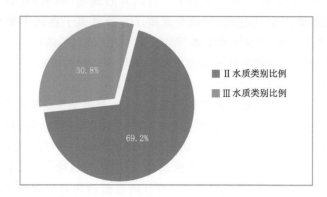

图 3.1　黔西南州 2018 年县城集中式饮用水源地水质类别比例

3.1.4　声环境好

城市环境声环境质量评价采用《声环境质量标准》(GB 3096—2008),声环境质量评价方法执行中华人民共和国国家环境保护标准《环境噪声监测技术规范城市声环境常规监测》(HJ 640—2012),将城市区域环境声环境质量、道路交通声环境质量分为"好""较好""一般""较差""差"5 个声环境质量等级(表 3.4)。

黔西南州中心城市兴义市,2014—2018 年城市区域环境噪声都在 60 dB(A)以下,质量等级评价"较好"及以上;城市道路交通噪声都在 70 dB(A)以下,城市道路交通声环境质量状况为"较好"及以上(表 3.5)。因此,近 5 年来黔西南州中心城市兴义市声环境一直处于良好水平,环境安静,适宜康养。

表 3.4　城市区域环境、道路交通噪声质量等级划分(平均等效声级:dB(A))

噪声类型	差	较差	一般	较好	好
城市区域噪声	>65	60.1~65.0	55.1~60.0	50.1~55.0	≤50.0
道路交通噪声	>74	72.1~74.0	70.1~72.0	68.1~70.0	≤68.0

表 3.5　2015—2018 年兴义市声环境质量状况(平均等效声级:dB(A))

年份	城市区域环境噪声	质量等级	城市道路交通噪声	质量等级
2015	50.6	较好	67.2	好
2016	55	较好	65.3	好
2017	55	较好	69.0	较好
2018	54	较好	68.2	较好

积 1019113. 35 hm²，占国土总面积的 60. 3％；非林地总面积约 661326. 65 hm²，占 39. 7％。全州森林总蓄积量为35389340. 9 m²，其中林地蓄积量 33603346. 2 m²，森林覆盖率达到 58. 5％，居全省第 2 位。

3.2　植被覆盖率高

黔西南州州委、州政府对全州生态建设和林业发展十分重视，认真践行绿色发展理念，持续深入开展森林城市、森林乡镇、森林村寨、森林人家创建工作。2018 年，册亨县已获省级森林城市称号，兴义市创建国家级森林城市已通过国家林业和草原局备案。2018 年，5 个乡镇获得省级森林乡镇称号，20 个村寨获得省级森林村寨称号，29 户获得省级森林人家称号。"让森林走进城市，让城市拥抱森林"已成为社会各界的共识，人民群众的绿色获得感明显增强。

3.2.1　森林覆盖率高

森林是陆地生态系统的主体，是自然生态系统的顶层，是人类生存发展的根基，对维护生态平衡和国家生态安全发挥着不可替代的重要功能。森林覆盖率是反映一个国家或地区森林面积占有情况或森林资源丰富程度及绿化程度的关键指标。由于自然禀赋优良，同时黔西南州州委、州政府长期以来严格坚持生态保护政策，黔西南州森林资源丰富。截至 2018 年，黔西南州全州森林面积 922014. 22 hm²，森林覆盖率 58. 5％，比全国森林覆盖率（21. 63％）高出 1. 7 倍多，比长江上游（24. 7％）和长江流域地区（34. 4％）高，比"林城"贵阳（46. 5％）和"山城"重庆（45. 4％）等以森林著称的城市也要高（图 3. 2），黔西南州的森林覆盖率优势十分显著。

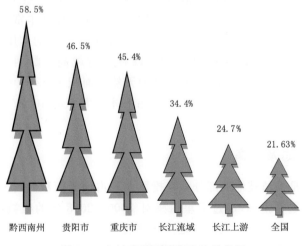

图 3.2　各地森林覆盖率比较示意图

3.2.2　森林类型多样

黔西南州森林类型多样，黔西南州行政区国土总面积 1680440 hm²，其中林地面积 1010875.55 hm²,占国土总面积的 60.2%;非林地面积 669564.45 hm²,占 39.8%。全州活立木总蓄积 39299200.9 m³,森林面积 922014.22 hm²,森林蓄积 39020782.9 m³,林木绿化率 56.03%。

黔西南州林地类型多样,有乔木林地、竹林地、疏林地、灌木林地、未成林造林地、苗圃地、迹地、宜林地,其各类别占比如图 3.3 所示,其中占比较大的是乔木林地和灌木林地。

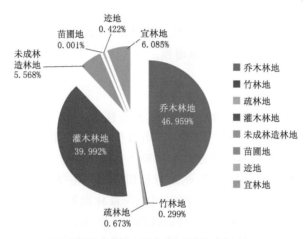

图 3.3 黔西南州林地各类别占比

天然林是天然起源的森林,包括自然形成与人工促进天然更新或者萌生所形成的森林。天然林的生物链条完整独立,物种的分布立体而丰富,有较强的自我恢复能力,物种的多样化程度极高,对环境及气候起到了巨大的作用。森林资源中天然林比重越大,森林生态效益发挥越好,森林质量越高。黔西南州乔木林面积 474699.86 hm²,蓄积 35100471.9 m³,其中天然林面积为 227706.98 hm²,占乔木林面积的 44.97%,蓄积 14897334.2 m³,占乔木林蓄积的 40.27%,天然林在森林资源中占比偏大。

3.2.3 植被生态质量高

植被覆盖度是指植被地上部分垂直投影面积占地面面积的百分比,是衡量地表植被状况的一个重要指标,通过卫星遥感对 2000—2018 年的植被覆盖度进行了监测分析,结果显示:2018 年,大部分地区植被覆盖度在 60% 以上(图 3.4)。2000 年以来,黔西南州 98.5% 的国土区域植被覆盖度呈上升趋势,平均年提升率为 0.67%,其中贞丰县东部、兴义市南部提升明显;兴义市区、安龙城区等城镇化建设较快的区域有所下降(图 3.5)。

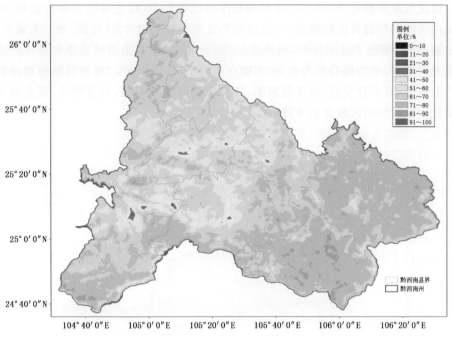

图 3.4　黔西南州 2018 年植被覆盖度分布

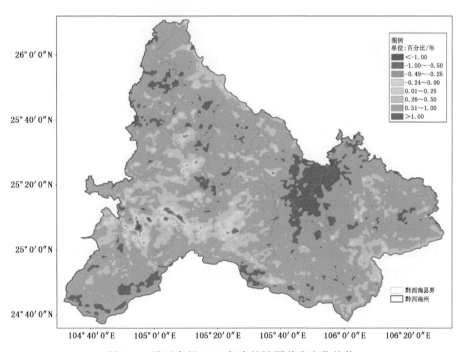

图 3.5　黔西南州 2000 年来植被覆盖度变化趋势

　　通过气象数据对 2000—2018 年植被净初级生产力(绿色植物在单位面积、单位时间内所能累积的有机物数量,一般以每平方米干物质的含量(克碳/米²)来表示,简称植被 NPP)进行了监测分析,结果显示:2000 年来,黔西南州植被净初级生产力总体呈上升趋势,平均提升率为 9.26 克碳/(米²・年),全州 98.7%的区域植被净初级生产力提升,其中普安县、贞丰县东部、兴义市南部提升明显;兴义市区、安龙城区等城镇化建设较快的区域有所下降(图 3.6)。

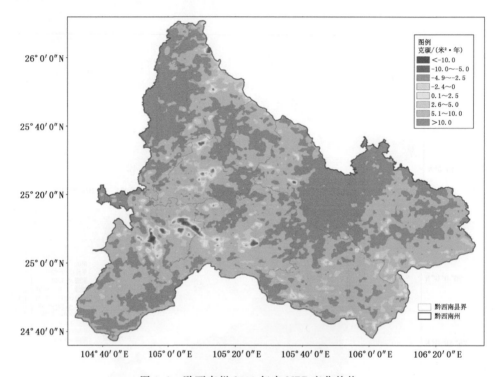

图 3.6　黔西南州 2000 年来 NPP 变化趋势

　　植被生态质量指数(以植被净初级生产力(NPP)和植被覆盖度的综合指数来表示,其值越大,表明植被生态质量越好)是衡量自然生态状况的关键指标。2018 年,黔西南州植被生态质量指数大部分地区都在 60%以上,望谟、册亨、兴义市南部等地区植被生态质量指数达 70%以上(图 3.7)。2000—2018 年全州平均植被生态质量指数呈增长趋势,以每年 0.67%的速度提升(图 3.8),近 4 年来维持较高水平,全州植被生态质量指数均在 70%以上。

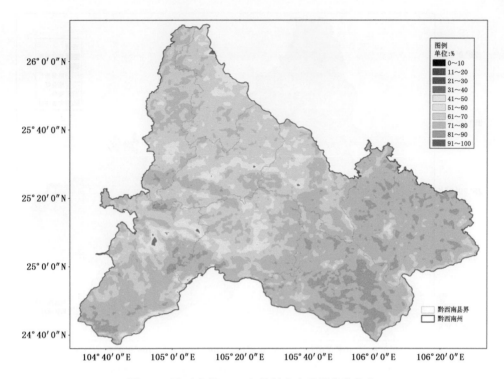

图 3.7　黔西南州 2018 年植被生态质量指数分布

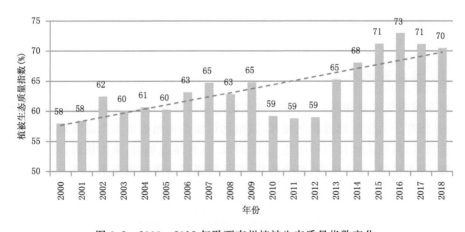

图 3.8　2000—2018 年黔西南州植被生态质量指数变化

　　由 2000—2018 年植被生态质量变化趋势图(图 3.9)可知,全州 98.6% 的区域植被生态质量为转好趋势,其中明显变好的区域占 86.3%,变差的区域占 1.4%,主要分布在城镇化建设较快的城镇区域。

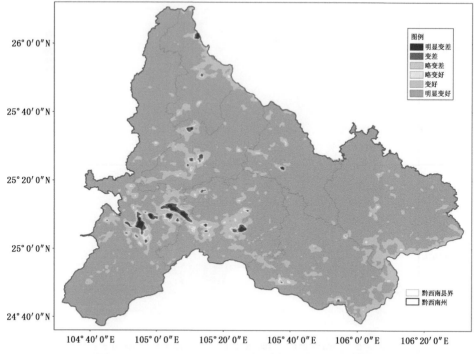

图 3.9　2000—2018 年黔西南州植被生态质量变化趋势

3.3　物种资源丰富

3.3.1　植物资源丰富

　　黔西南州气候温和湿润,适宜多种生物的生长和繁衍,是天然的植物园和物种基因库,并保存了大量的珍稀濒危物种,其植物资源是贵州省最为丰富的地区之一。据不完全统计,黔西南州植物种类达 3913 种以上,有藻类植物、菌类植物、地衣植物、苔藓植物、蕨类植物、裸子植物、被子植物,具体科属种分类情况见表 3.6。黔西南州还有外来种子植物 94 科 362 种以上。

表 3.6　黔西南州植物种类

门	藻类植物	菌类植物	地衣植物	苔藓类植物	蕨类植物	裸子植物	被子植物
科	/	23	5	/	45	9	210
属	/	52	6	/	115	16	1082
种	89	161	19	>100	367	32	3243

　　黔西南州有珍稀植物 300 多种,著名植物有叉孢苏铁、贵州苏铁、云南穗花杉、红

豆杉、辐花苣苔、伯乐树、麻栗坡兜兰等。黔西南州特有种子植物有 48 种 9 变种 3 变型,是贵州省特有种子植物最为丰富的地区,也是中华植物的一座宝库。黔西南州也有许多经济植物,按不同功用可分为油料植物、果树植物、香料植物、纤维植物、特色药用植物,具体种类可见表 3.7。州内有中草药资源近 2000 种,其中植物药 1800 多种,动物药 163 种,矿物药 12 种(何顺志 等,1994)。

表 3.7　黔西南州不同功用植物种类

功用分类	具体种类
油料植物	麻疯树(又名小桐子、柴油树,是生产生物柴油的重要原料树种)、黄连木、油桐、油茶、乌桕、石栗、宜昌南、香叶树、千年桐等
果树植物	板栗、核桃、桃、李、梨、猕猴桃、红泡刺藤、栽秧泡、大果榕、橘、橙、苹果、矮杨梅、杨梅、枇杷、大乌泡、梅、碰柑、柿、番石榴、拐枣、仙人掌、头状四照花、知梗四照花、猫儿子、白木通、葡萄、黄毛草莓等
香料植物	花椒、山鸡椒、竹叶椒、木姜子、砂仁、少桂花、刺芫荽、八角、薄荷等
纤维植物	棕榈、构树、野葛、山核桃、化香树、龙舌兰、龙须草、料慈竹,麻竹、毛金竹、撑绿竹、小蓬竹、箭竿竹、地瓜藤等
特色药用植物	小花清风藤、石斛、铁皮石斛、环草石斛、艾纳香、米楠、灵芝、黄褐毛忍冬(金银花)、倒提壶、千张纸、余甘子、通草、黑草、天花粉、黄精、苦苣苔等

黔西南州古树大树名木有 52 科 102 属 155 种植物,共 4038 株;数目最多为山茶属 1238 株,且主要分布于普安县;其次为榕属 868 株,国家二级保护植物椿属椿树565 株,分布于全州 8 县市;国家二级保护野生植物红豆属红豆树全州 6 株;国家二级保护野生植物棟科毛红椿 6 株;国家二级保护野生植物紫檀属紫檀 1 株。全州古树较普安县最多,以古茶树(中文名:大厂茶,俗名:四球茶)为主,且直径大于或等于15 cm 的有 1018 株,占其总数的 70.54%。全州有数量较多的古树,其中一级古树有231 株,占比 6%(图 3.10)。

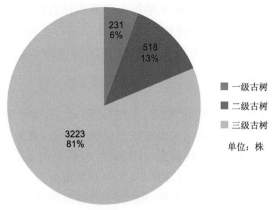

图 3.10　黔西南州一、二、三级古树占比

黔西南州是绝好的森林旅游胜地,全州有著名的仙鹤坪国家森林公园、普安普白省级森林公园、普晴林场省级森林公园和 8 个自然保护区,面积达 100 余万亩(1 亩≈ 666.7 m^2)。森林旅游是黔西南州在旅游市场增加竞争力和知名度的特有资源,其山地森林生态游、城郊森林休闲健身游、森林观光游等都不断吸引着人们来此休闲度假、康养居住。

3.3.2　动物资源丰富

黔西南州山岭纵横,河谷深切,地形错综复杂,是贵州省动物多样性较为丰富的一个地区。据记载,全州有野生动物 12 纲 542 种 11 亚种以上,其中被列入国家一级保护动物的有 6 种,分别是黑叶猴、云豹、豹、金雕、黑颈鹤、脆蛇蜥。国家二级保护动物 36 种,有猕猴、穿山甲、白鹇、白腹锦鸡、虎纹蛙等 36 种,州内国家一、二级保护动物占贵州省的 45.98%。这些保护动物均主要分布在自然保护区和林场等林区点。

2015 年,全球大自然保护协会专家在黔西南州兴仁市清水河自然保护区内发现国家濒危野生动物脆蛇蜥。脆蛇蜥是我国较为原始的物种,因长期穴居而导致四肢退化,属蜥蜴动物。该物种在黔西南州被发现,不但丰富了黔西南州的动物名录,更重要的是为生物多样性的研究提供了强有力的依据。黔西南州丰富的动物资源,特别是众多的野生动物,适合野生动物摄影爱好者前来,也给来此旅游度假的人们增添了亲近大自然的乐趣。

3.4　城镇宜居康养

2018 年 1 月,首届"中国十大养生城市"发布,其中黔西南兴义市位列其中。此次评选主要围绕政府重视、空气质量、森林覆盖率、水资源保护利用、人均寿命、经济发展、养老社保、健康教育、养生素养水平等十多项指标进行科学论证,同时参考各城市在健康长寿、人居环境等国家级评比中的获奖情况进行了对照与综合评估。兴义生态优良、空气清新、山美水美,养生环境十分优异,入选"中国十大养生城市"当之无愧。

3.4.1　城镇建设宜居

黔西南州牢固树立"山水城市"理念,把住"不削峰、不填河"原则,坚持走以人为本,生态文明、文化传承、布局优化的山地新型城镇化道路,着力提升城镇综合承载能力和可持续发展能力,推进农业转移人口市民化,加快美丽乡村建设,促进城乡发展一体化。以区域中心城市加快建设为核心、次中心城市为重点,统筹推进县域中心城市、重点镇、一般镇建设,促进协调发展,构建"一群四点为城镇主体,三区为城乡统筹发展单元"的州域山地城镇空间体系(图 3.11)。

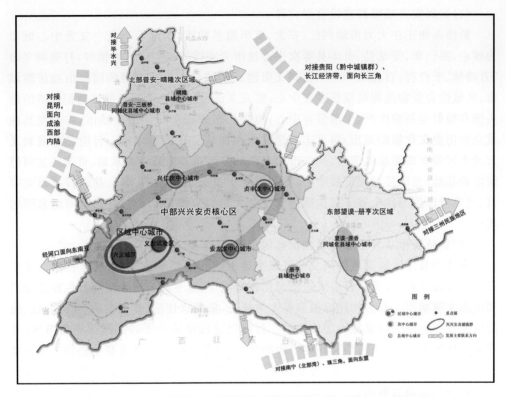

图 3.11　黔西南州"十三五"城镇体系构建图（来源：州"十三五"纲要）

　　2000 年以来，黔西南州城镇化建设成效显著，兴义市城区面积不断扩大（图 3.12），2003—2015 年处于快速发展阶段，增长率较快，2015 年后趋于平稳。兴义市城区面积从 2000 年的 7.9 km² 增加到 2018 年的 49.4 km²，城区扩大了逾 5 倍。城市道路宽阔，交通更加便利，机场的建成"缩短了"与其他城市的距离。

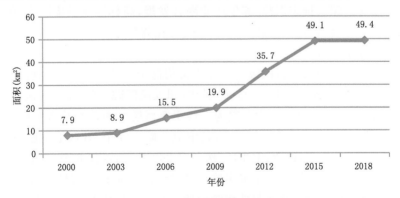

图 3.12　兴义市城区面积变化

（1）兴兴安贞城镇群建设宜居宜养

黔西南州正在大力推动兴仁、安龙、贞丰撤县建市，构建由兴义－义龙中心城市为核心，兴仁市、安龙县、贞丰县等次中心城市为支撑的兴兴安贞城镇群，打造兴义市"万峰林、千户村、百花城"名片，将兴义市建成产城景一体化发展的国际山地旅游城市、区域性商贸物流和高端服务业中心；将义龙试验区建成全州发展外向型经济的桥头堡和辐射全州的生产、生活服务中心；将兴仁市建成全州的工业城市；将安龙县建成全州历史文化旅游城市；将贞丰县建成全州民族文化旅游城市。目前已建成兴义市清水河镇车榔温泉度假村、兴义市坝美森林公园康养温泉疗养基地、贞丰三岔河健康疗养基地、贞丰县温泉度假中心、安龙招堤十里荷花养生园、华大基因科技研究项目、义龙坡岗生态养生谷。加快推进安龙县大秦温泉酒店和贞丰县三岔河温泉酒店建设。

（2）普晴册望县域中心城镇建设宜居宜养

将普安县建设成黔西南州北部区域交通枢纽和重要节点城市，晴隆县打造成生态文化旅游城市，望谟县打造成布依文化旅游城市，册亨县打造为南部特色旅游城市和生态文明城市。着力构建以温泉养生为核心，集餐饮住宿、休闲娱乐、商务会议、旅游度假等于一体的温泉旅游度假体系。目前已建成晴隆沙子岭茶园生态旅游区，普安温泉休闲度假中心、古茶文化养生旅游区、册亨丫他板万布依古寨生态养生养老基地，望谟县蔗香休闲度假中心、普安森林温泉酒店、兴仁帝贝温泉酒店，加快推进普安县茶源谷水岸山居酒店。

3.4.2　医疗体系完备

近年来，黔西南州认真贯彻落实贵州省委、省政府加快发展康养产业的重大决策部署，大力实施康养产业"六项实施计划"，着力构建"医、养、健、管、药、食"等产业融合发展的康养全产业链，强力推动康养产业蓬勃发展，倾力打造"康养黔西南，四季花园城"康养品牌。深入推进医疗、养生产业融合发展，高标准建设集医疗、康复、养生为一体的"生态健康城"，打造国际高端医疗养生集聚区。

（1）医疗体系完善

黔西南州州、县、乡镇、村四级医疗卫生机构健全。共有医疗卫生机构 2145 个，其中：医院 131 个，包括综合医院 95 个（其中：州人民医院、兴义市人民医院为三级甲等医院），中医院 8 个（其中：州中医院为三级甲等医院），中西医结合医院 3 个，专科医院 25 个；基层医疗卫生机构 1981 个，其中卫生院 123 个，社区卫生服务中心（站）69 个，村卫生室 1501 个，诊所、卫生所、医务室 280 个，门诊部 8 个；专业公共卫生机构 30 个，包括 9 个疾控中心、9 个卫生监督局（所）、9 个妇幼保健院、1 个紧急救援中心、1 个中心血站和 1 个皮肤病与性病防治所（中心）。8 县市正在加快中医院建设，2018 年全州合计建设有 73 个中医院。全州医疗卫生机构有在岗职工 23272 人（包括乡村医生和卫生员）。全州医疗机构有床位 17228 张,平均每千人拥有 6 张。在全州以 3 家三甲医院为龙头,组建了 3 个医联体,覆盖 100％的县级公立医院,形成急慢分治、上下联动机制,切实为患者提供"一站式"服务。四级医疗体系完善,有效保障了人民群众就医看病。

（2）积极发展智慧医疗

目前已完成 23 家县级以上公立医院、126 个乡镇卫生院的远程医疗场地标准化建设,实现与省级远程医疗平台的互联互通,黔西南州被省列为"远程医疗信息系统标准化测评试点地区"。黔西南州实施"十免""六优先"健康扶贫政策,确保贫困群众人人享有基本医疗卫生服务,大病能得到及时有效救治,个人就医费用大幅减少。

（3）山地紧急医学救援体系

成立了州紧急救援中心,纳入财政预算,州政府每年预算 60 万元作为卫生应急处置工作经费。投入 40 万元建设疾控、紧急医学救援中心的综合信息平台。实现了州、县、乡三级救援车辆由"120"统一调度、统一指挥,全州有应急车辆 209 辆。一是州、县两级紧急医学救援指挥调度中心负责本区域突发事件紧急医学救援和日常管理。在乡镇卫生院设有 132 个紧急医学救援点,村卫生室、诊所等设立紧急医学救援联络员共 2122 人。州、县、乡、村均建立了卫生应急队,共有应急队员 1590 人。二是应急处置流程规范制定完善病例发现与报告、现场处置、信息报告和发布等,责任落实到具体单位和个人,保障应急响应处置有序规范开展。

（4）智慧医疗平台建设

一是实现远程医疗全覆盖,2017 年以来,省、州、县三级共计投入 1.6 亿元,全州 23 家县级以上公立医院建设远程会诊中心;9 家县级以上人民医院建成区域远程影像中心、区域心电中心和区域检验质控中心;126 家乡镇卫生院完成远程医疗会诊室、影像室、检验室、心电图室和规范化数字预防接种门诊场地标准化建设、数字化医疗设备安装调试、院内信息系统部署。通过区域院内信息系统与省级远程医疗平台的互联互通,实现联通省、州、县、乡四级公立医疗机构的远程医疗服务全覆盖,还配套了相应的政策措施,规定了远程医疗服务价格,并将远程医疗服务纳入新农合报销。黔西南州被省列为"远程医疗信息系统标准化测评试点地区",截至 2018 年,全州累计完成远程会诊 12176 例,远程 DR 诊断 3561 例,远程心电诊断 2759 例。

二是建设全民健康信息平台,提升远程医疗服务内涵,由北大医疗信息技术有限公司承建的"黔西南州健康医疗信息平台"正在建设中,总投资 1920 万元。平台建成后将依托远程医疗服务体系,继续拓展卫生健康服务内涵。2018 年,项目已建成部署到 126 家乡镇卫生院云 HIS 系统,在全省率先实现乡镇卫生院 HIS 系统全覆盖。下一步将建设健康管理系统、公共卫生院系统、健康档案、分级诊疗系统、慢病管理系统等。黔西南州将依托全民健康信息平台,通过信息化技术,切实提升全州卫生健康服务水平和监管能力,为群众看病提供更优质的服务和更有力的保障。

(5)预防端口前移,健康保障提升

依托华大基因"全覆盖、全贯穿"的新型基因检测技术体系,构建集"健康教育＋基因筛查＋精准干预＋科学随访＋健康保险"为一体的可复制、可推广的精准医疗"黔西南模式",将疾病预防关口前移,为群众健康提供坚实保障。2018 年,全州累计完成无创产前基因检测 19798 例,建立新生儿 DNA 档案 28321 份。

(6)公共卫生服务有序开展

全州组建了家庭医生服务团队 616 个,签约 142.03 万人,签约率 50％。其中,农村建档立卡贫困人口签约 69 万人,建档立卡贫困人口签约率 93.69％。县、乡、村家庭医生签约服务实现全覆盖,家庭医生签约服务工作有序推进。全州完善的医疗卫生保障体系,为助推康养产业发展奠定了坚实的基础。

3.4.3　养老环境优良

(1)医养结合,服务水平高

2018 年,全州共有养老机构 481 个,养老床位 11844 张,二级以上医院开设老年病科 5 个,二级以上医院为老年人开设绿色通道 24 个,基本形成州、县、乡、村四级养老服务体系;全州 113 个乡镇敬老院将通过新建、改扩建整合成 43 个集兜底养老与社会养老相结合的区域性养老服务中心。同时与乡镇卫生院签订医养合作协议,整合要素资源,全面推进基层养老服务体系建设。创新发展"公建民营""酒店转型""公司＋农户"养老服务新模式,培育了兴义市德心园养老中心、勤德庄养老公寓、纳福居养老服务中心等一批民办养老服务机构。

医养结合工作扎实推进,黔西南州正在大力发展"有病治病、无病养生"的社会化中高端养老、"楼下看病,楼上养老"的政府兜底保障型养老和"老有所养、病有所医"的居家养老,探索医养结合新模式,确保"医"和"养"实现有效对接。2018 年,黔西南州首个省级医养结合试点——草喜堂养生养老中心在兴仁揭牌;兴义市捧乍敬老院被列为省级医养结合示范点、安龙养生谷被列为省级示范园区、册亨县海福祥养老护理院(县老年养护楼)被列为省级示范单位。

(2)政策支持大力发展健康养老产业

抓好园区培育,推动集聚发展。全州按照"一次征地、统一规划、整合资金、分步实施"的布局,进一步完善规划,积极推进州市共建养老产业示范园、安龙养生谷、兴仁德政园区等重点项目建设,高标准、高质量、分阶段建成集休闲、度假、养老、医疗、医药等于一体的中高端全省养老服务基地。

强化养老服务业发展支撑,全面加强政策创制,完善顶层设计,州政府先后出台《关于进一步加快推进养老服务业发展的实施意见》《关于全面放开养老服务市场提升养老服务质量》等系列文件,对法律没有明令禁止的养老服务领域,全部向社会资本开放;精简养老企业设立的审批环节,建立"一门受理、一并办理"网上并联审批平台,积极、高效吸引社会资本投身黔西南州养老产业发展,充分激发产业发展活力。

(3)发展老年运动,推动全民健康

黔西南州正在加快推进棋牌、门球、持杖徒步等老年运动发展,积极组织老年人参加省内外健康运动活动,着力推动运动产业和养老产业融合发展。2018 年已新建村级农民体育健身工程 60 个、乡镇级农民体育健身工程 8 个,进一步推动基本公共体育均等化。2018 年,全州共举办各级各类赛事活动 100 余项,参与人数突破 70 万人。黔西南州成功举办了第三届全国老年人体育健身大赛、第 32 届老年人门球比赛、"红红火火过大年"等综合性文体活动,推动全民健身发展,也为老年人实现价值、强身健体、加强交流、丰富精神文化生活等做出贡献。

第 4 章

四季康养山地旅游

黔西南州是"山地公园省·多彩贵州风"中最具鲜明特色和拥有众多旅游资源的"金贵之州"。黔西南州境内有奇峰、峡谷、飞瀑、云海、温泉、溶洞、天坑等丰富多样的喀斯特地貌,是世界锥状喀斯特地质地貌的典型代表,四季宜游,这里是世界山地旅游胜地、户外运动乐园,全年可以开展户外运动。

2015 年全国"两会"期间,国务院副总理汪洋在参加贵州代表团审议时这样评价贵州旅游,"物以稀为贵,好山好水就是贵",并把首届国际山地旅游暨户外运动大会作为"大礼"送给贵州。2015 年黔西南州山地旅游发展目标的确立,2016 年全域旅游示范区的挂名,给予黔西南旅游发展的双重定位,至此"山地旅游＋全域旅游＋生态康养"成为黔西南旅游发展的主旋律和总方针,对于黔西南而言,这是在以往多年来旅游发展历程中不曾有过的重大机遇和思路目标。

知名媒体人杨澜曾在游过黔西南后这样说道:"或晴日,或烟雨,或朝霞,或夕阳,四季往复,田园人家,皆有不同景致,叹为神奇。"各色景观,构成黔西南有异于其他地方的风采,带给当地人自豪感的同时,也带去更多发展"大旅游"的机遇。依山傍水的黔西南人打造了一张"绝美喀斯特,康养黔西南"的城市名片,致力让每一位前来旅行的游客找到停留的原因。

4.1　独特山地旅游

黔西南州旅游空间规划布局按照"一心·一体·两翼·七集聚区"进行布局(图 4.1)。

(1)一心

兴义国际山地旅游综合中心。依托国际山地旅游暨户外运动大会会址,结合"一城三景"的资源组合优势,构建兴义国际山地旅游综合中心,承担国际山地旅游暨户外运动大会主会场、山地户外运动智能中枢、山地旅游核心集散、山地旅游信息中心等多种功能,未来也是黔西南州作为世界山地旅游城市的核心示范中心。

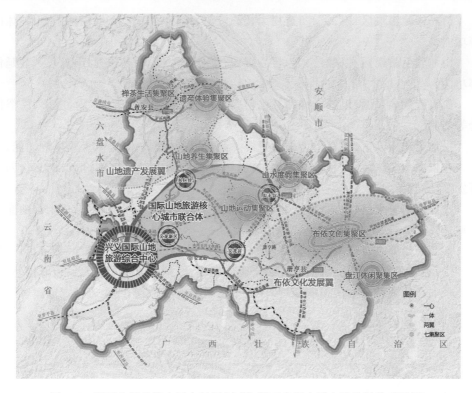

图 4.1　黔西南州旅游空间布局图(来源:黔西南州全域山地旅游体系规划)

（2）一体

国际山地旅游核心城市联合体。依托高速路网和沪昆高铁的交通优势,打造兴义、义龙新区、兴仁、安龙、贞丰构建的核心城市联合体。五大城市在强化自身特色建设的同时,加强道路交通、酒店、山地旅游资源的联系和共享,实现全州山地城市服务功能极核的扩大,同时加强对边缘四县的辐射带动作用。

（3）两翼

山地遗产发展翼:以晴隆的二十四道拐、普安的古茶树和松岿寺为核心资源,深入挖掘遗产背后的红色文化、禅茶文化等内涵,联动山水生态、特色古镇古村等资源,打造山地遗产发展翼,同时承接核心城市联合体的辐射。

布依文化发展翼:以册亨、望谟的布依文化为主线,深入挖掘两县的布依文化遗产、布依村寨等资源,注入原生态保护、创意开发等理念,打造布依文化发展翼,树立民族文化开发示范,同时承接核心城市联合体的辐射。

（4）七集聚区

禅茶生活集聚区:以普安红茶和松岿寺为核心资源,集休闲、感悟、度假为一体的聚集区。

遗产体验集聚区：以二十四道拐为核心资源，集合汽车运动、红色体验、山地休闲等功能。

山地养生集聚区：以薏仁米为核心资源，集合养生餐饮、健康理疗、薏仁产业延伸等功能。

山水度假集聚区：以双乳峰和三岔河为核心资源，具有观光、休闲、度假、民俗体验等功能。

山地运动集聚区：以笃山为核心资源，综合攀岩、探险、休闲、水上娱乐等功能。

布依文创集聚区：以布依文化为主线，综合布依原生态文化体验、布依文化创意开发等功能。

盘江休闲集聚区：以南盘江、北盘江为核心，打造集滨水度假、水上休闲等功能的区域。

黔西南州著名自然景点有万峰林、马岭河峡谷、万峰湖、双乳峰等（图 4.2）。其中：万峰林是国家地质公园，由 2 万多个山峰组成，峰林田园与布依人家和谐相处、山水美景如诗如画，被《中国国家地理》评为中国最美的峰林，明代大旅行家徐霞客赞叹

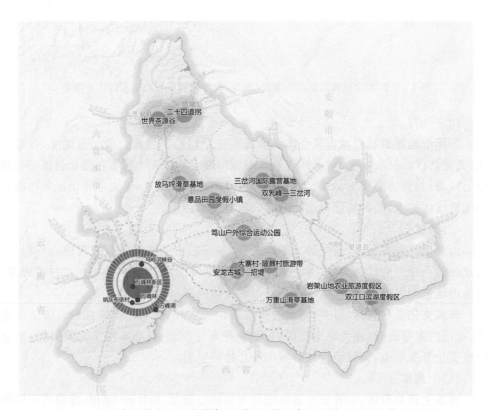

图 4.2　黔西南州热点山地旅游资源（来源：黔西南州全域山地旅游体系规划）

"天下山峰何其多,唯有此处峰成林",盛赞其"磅礴数千里,为西南形胜";马岭河大峡谷是国家级风景名胜区,谷内岩页壁挂、群瀑飞流,是世界最大的城市峡谷;万峰湖湖岸万峰环绕,湖面烟波浩渺,与万峰林形成湖水、峰林、峡谷完美结合的奇特山水风光,景色迷人,被誉为"野钓天堂";双乳峰占地面积 40 hm²,相对高差 261.8 m,其鬼斧神工的自然造化,堪称天下奇观,是喀斯特的峰林绝品,被誉为"天下奇峰、大地圣母"。

近年来,依托得天独厚的山地旅游资源优势,黔西南州确立了以山地旅游引领现代产业体系发展的战略思路,明确打造成为国际山地旅游目的地、国家全域旅游示范区的战略定位,旅游人次、旅游收入快速增长,进一步提升了知名度和美誉度,美丽黔西南正逐步走向全国、走向世界。

4.1.1　万峰林

万峰林景区位于兴义市西南侧,距兴义市区 4.5 km,是典型的喀斯特盆骨峰林地貌。山峰最高海拔 1600 m,平均海拔 1359 m,相对高差为 642 m,森林覆盖率为 46%;峰林长 200 km,宽 30～50 km,总面积逾 2000 km²,东至坡岗,南抵南盘江,西到三江口,北接乌蒙山主峰。万峰林是中国西南三大喀斯特地貌之一,以锥状山体著称,堪称中国锥状喀斯特博物馆,有"天下奇观"之美誉(图 4.3)。

根据形貌态势,万峰林可分为列阵峰林、宝剑峰林、群龙峰林、罗汉峰林、叠帽峰林等五大类型。根据方位,万峰林可分为东峰林和西峰林。

东峰林,长约 30 km,宽约 20 km,以峥嵘巍峨的喀斯特峰丛为特征。奇峰密集,气势磅礴,茫茫峰林间多漏斗洼地,明河暗流沟壑纵横,溶洞峰林此起彼伏。西峰林北起耳寨、西起布雄、东南至翁本一带,总面积约 55 km²。区内以三叠系出露为主。峰林主要发育在永宁镇组、关岭

图 4.3　万峰林景观(摄影:唐可)

组、杨柳井组的灰岩中,岩溶锥峰沿山坡层层向上分布,其间封闭性的岩溶洼地、漏斗不甚发育,代之而起的则是比降不大的岩溶沟谷,峰、谷高差一般小于 100 m,整体构成巍峨雄伟的峰丛地貌,景观由两万多座奇峰翠峦组成。西峰林群峰各异,其间潭泉

星布,清溪曲绕,良田万亩,村寨古朴,田园与峰林,相映成趣。西峰林作为贵州锥状岩溶的典型代表,已被联合国教科文组织列为中国喀斯特世界自然遗产预备名单。

万峰林具有独特的地貌资源,曾先后荣获"国家地质公园""国家自然遗产保护区""国家 AAAA 级风景名胜区""中国最美峰林"以及"中国最令人向往的地方"等荣誉称号。万峰林气势宏伟壮阔,山峰形态奇特,整体造型秀美,是中国经典山水田园与世界级喀斯特地质奇观的完美结合。

4.1.2　万峰湖

万峰湖位于黔西南州首府兴义市东南部南盘江中段,距兴义市城区 28 km,与万峰林和马岭河峡谷相邻。该湖因周围万峰环绕而得名,是云贵高原上的一颗平湖明珠,享有"万峰之湖,西南之最,南国风光,山水画卷""一日三景"之美誉。万峰湖是国家重点工程"南盘江天生桥电站"大坝蓄水形成的湖泊,蓄水量 102.6 亿 m³,湖广水深,水质好,溶氧高,温度适宜,中下层水流交换快,水体透明度高达 2 m 以上。万峰湖湖面平均宽度超过 4 km,湖面面积 176 km²,内有 30 多个全岛、58 个半岛、82 个港湾、12 个内湖。万峰湖以红椿坡阳口内湖最为优美,景观面积 50 km²,美景天成、山中有水、水中有山,湖面烟波浩渺,湖光潋滟,湖水碧绿如镜,山顶烟雾缭绕,山下微波拂岸,湖光山色、美不胜收,早中晚景色各异,气候宜人,四季可游。这里的植被保存非常完好,森林覆盖率超过 60%,因此也有"水上绿城"之称。湖边有吉隆堡、半岛酒店两个休闲度假村,还有农家小房、钓具等休闲度假设施。湖畔山腰,布依村寨星罗棋布,古树参天,民风古朴。

万峰湖是一个多功能风景胜地,集峡谷、山峦、湖水、森林于一体,聚航运、游船、漂流、垂钓于一湖,是理想的休闲、度假、垂钓场所。2007 年,万峰湖被《乡土·户外钓鱼》杂志评为"中国十大最美钓点",是一处旅游度假的理想地(图 4.4)。

4.1.3　马岭河峡谷

马岭河峡谷位于兴义市城区以东 5 km,是国家重点风景名胜区、国家 AAAA 级旅游风景区、国家级风景名胜区、国家地质公园、国家自然遗产。景区面积 450 km²,区内人文古迹众多,民族风情浓郁,气候温和湿润,冬无严寒,夏无酷暑,四季如春,是寻幽、览胜、访古、探奇、避暑、休闲胜地,素有"天沟地缝"的美誉。马岭河发源于乌蒙山系白果岭,上游名清水河,中游流经马别大寨和马岭寨,故有马别河和马岭河的称谓。马岭河峡谷谷深流激,群瀑飞泻,翠竹倒挂,溶洞相连,两岸古树名木点缀,千姿百态。河水缓中有急,奇险无比,动人心魄。沿途有 18 滩,20 余湾,30 余潭。主景区 15 km,景区内有"彩崖峡""天赐石窟""彩虹锁天""回峰崖""五里幽谷""瀑布群""壁挂崖""龙头岛"等景点。马岭河峡谷两岸峰林之中有古庙、古桥、古驿道、古战场遗址等人文景观。

图 4.4　万峰湖景观（摄影：唐可）

　　马岭河峡谷是喀斯特多层次地貌景观的集中表现，以地缝嶂谷、群瀑悬练、碳酸钙壁挂而著名。根据不同的景观特点，自上而下分为车榔温泉、五彩长廊、天星画廊和赵家渡景观，天星画廊是峡谷景区精华之核心部分，它的主要景观特色是规模宏大的瀑布群和岩页壁挂，堪称一绝。从河源至河口长约 100 km 的流程内，落差近千米，下切能力强，在海拔 1200 m 的坦荡平川上切割出长达 74.8 km、谷宽 50～150 m、谷深 120～280 m 的马岭河峡谷。

　　马岭河峡谷地貌结构与一般峡谷不同，实际上是地球 7000 万年前燕山运动时自然拉开的裂缝，马岭河峡谷由于湍急的河水和地下水将裂缝扩大，由上往下看是一道幽深的地缝，由下往上看是一线窄窄的天沟，沿马岭河峡谷出露的岩性为三叠系碳酸盐岩，地层倾角平缓，有人说这是"地球上最美丽的伤疤"。正是这举世罕见地缝，造就了马岭河峡谷景区雄、奇、险、峻的景观，十分利于开展漂流探奇和观光活动，被誉为"天下第一缝，中国第一漂"。马岭河峡谷被中国科学研究院评价为"一有黄果之壮，二有三峡之险，三有黄龙之奇，四有九寨之美，五有桂林之秀"。峡谷风景区两岸峭崖对峙，谷深流急，银瀑飞泻；滩险急流处，水石相搏、惊涛拍岸、震耳欲聋，崖画、千泉、万洞两岸悬挂。从河床昂首两岸，在蓝天白云的映衬下，犹如天沟，原始生态保护完整，岩画如此多娇，构成了"西南奇缝，天下奇观"（图 4.5 和图 4.6）。

图 4.5   马岭河峡谷景观（摄影：李政鹏）

图 4.6   马岭河大桥（摄影：唐可）

4.1.4   双乳峰

　　贞丰天下奇观"双乳峰"位于贵州省贞丰县城境内，离县城 9 km，是国家 AAAA 级景区，处于贞丰至贵阳的公路干线上。双乳峰占地 40 hm²，海拔 1265.8 m，相对高度 261.8 m。据地理学家考证，像这样丰腴、硕大、协调、逼真的双乳山峰，在中国绝无仅有,其他国家也没有类似发现,堪称"天下奇观",被世人誉为"天下第一奇峰"(图 4.7)。

双乳峰是喀斯特的峰林绝品,是鬼斧神工的自然造化。这里的布依族群众一直把它当作"大地母亲"和"生命之源"来崇拜,一些善男信女到山下去烧香膜拜,求子、求财、求平安。从不同角度来观看双乳峰,会呈现出不同的景观。有时空中飘着绚丽的彩霞或淡淡几朵白云,便会把双乳峰衬托得分外妖娆;如遇雾霭迷蒙的天气,双乳峰若隐若现于薄薄的轻纱之中。

同时,随四季的变化,双乳峰的质感也呈现不同。真所谓"横看成岭侧成峰,远近高低各不同"。在观峰亭旁立有"天下奇观"石碑。石碑上刻有一联"哺云哺雾哺日月,养精养气养天地"。伫立石碑旁观双乳峰,如圣母腾在九天高空,云环雾绕,时隐时现,为

图 4.7 双乳峰景观(摄影:唐可)

她罩上道道光环,使双乳峰更加神圣、庄严、肃穆。近年来,景区依托堪称"天下一绝"的双乳峰和竹林堡石林景观,不断注入母亲文化、布依文化、佛教文化及现代时尚元素,2009 年被评为"贵州省十大魅力景区之一""中国避暑名山"。

4.1.5 晴隆二十四道拐

贵州晴隆二十四道拐景区位于黔西南州晴隆县南郊 1 km 的 320 国道 2337 km 路桩处,是"史迪威公路"的形象标识,古称"鸦关",是"二十四道拐"抗战公路遗址,始建于 1935 年,1936 年竣工通车,是黔滇公路的必经之路。贵州晴隆二十四道拐景区是由二十四道拐公路、观景台、安南古城、美军加油站、马帮山寨、史迪威小镇等组成的人文与自然相结合的综合性景区。其中,二十四道拐公路是景区核心部分,雄奇险峻,全长 4 km,有 24 道拐,有效路面宽约 6 m,山脚第一道拐与山顶第二十四道拐间的直线距离约 350 米,垂直高度约 260 m,在倾角约 60 度的斜坡上以"S"型顺山势而建,蜿蜒盘旋至关口,堪称险峻公路建设史上的杰出典范。

二战时期,美国的援华物资经过滇缅公路到达昆明以后必须要经"二十四道拐"的滇黔线才能送到前线和重庆。"二十四道拐"成了中缅印战区交通大动脉,承担着

国际援华物资的运输任务。日寇曾多次派飞机对"二十四道拐"公路进行轰炸,欲截断黔滇咽喉。这一条"抗战生命线",曾因美军随军记者的一张老图闻名全球,成为一条隐没在群山间的"无名英雄路"。直到 2002 年,才在滇缅抗战史专家戈叔亚的探访下确定其方位。贵州晴隆县作为抗战大后方的烽火记忆而为世人所知,"二十四道拐"抗战公路,堪称险峻公路建设史上的杰出典范,是中、美两国人民英勇抗击日本侵略者历史的真实写照,是中国抗日战争大后方唯一的陆路运输线及国际援华物资的大动脉,被誉为"中国抗战的生命线",又称"历史的弯道"。

　　贵州晴隆"二十四道拐"是全国唯一以公路为主题的重点文物保护单位,是贵州省唯一的国家级抗战遗址,也是国家级爱国教育基地,是中国汽车运动六大极限之一,也是中国十大最美公路之一。摄制了 32 集电视连续剧《二十四道拐》并在央视热播,拿到 2015 年中央 8 套最高收视率,在第十一届中美电影节上荣获优秀电视剧"金天使奖",得到了社会各界广泛好评。2006 年,国务院批准二十四道拐为全国重点文物保护单位;2010 年,被列为第四批全省爱国主义教育示范基地;2014 年,被列为第一批国家级抗战纪念设施、遗址;2017 年 9 月,晴隆二十四道拐景区被批准成为国家 AAAA 级旅游景区(图 4.8)。

图 4.8　晴隆二十四拐景观(摄影:唐可)

4.1.6　放马坪高山草原

　　放马坪高山草原景区位于兴仁市下山镇,地貌奇特,地处云贵高原向广西低山陵过渡的斜坡地带,以多年生禾草为主,分布较为均匀,草场在一个巨大的平顶山山顶,地表呈波状起伏,山体四周为陡峻的山坡。放马坪高山草原面积 2.85 万多亩,其中有天然草场 2.1 万亩,天然林 7490 亩,将草场划分为心型,又称"心型草原",放马坪高山草原风光旖旎、辽阔雄宏又不失浪漫温馨。放马坪上有马乃屯古营盘遗址,系贵州省重点文物保护单位,位于放马坪山顶草原北端,有一块面积为 90 多亩的山顶平地,清顺治十七年(公元 1600 年),马乃土目龙吉兆率众在此依山就势垒筑石墙,建立营盘,使其成为一座攻守俱佳、屯兵的反清大本营。

　　放马坪高山草原属国家 AAAA 级风景名胜区、"金州十八景"之一(图 4.9),电视剧《雄关漫道》红军长征过草地场景在此拍摄。2016 年,兴仁市对放马坪景区进行开发建设,完成景观大道、景区路网、游客接待中心、草原花海、滑草场、文化广场、"心"形步道、露营基地、烧烤区、木栈道、停车场、旅游公厕等旅游基础设施及配套功能项目建设。景区集休闲观光、文化鉴赏、户外体验等为一体,山地滑草、草原露营成为放马坪高山草原景区山地旅游特色。主要景点及户外运动体验地有洗马塘、马乃兵营、大白洞、小白洞、彝族文化广场、草原花海、露营基地、国际滑草场。景区风光秀丽,景色迷人,是游客体验"天人合一"、追寻浪漫、亲近自然的旅游宝地。

　　放马坪高山草原是云贵高原上少有的草原,素有"高原塞外"之称,其独特而典型的自然生态环境和动植物区系,对涵养生态、水土保持等有着极其深远的历史意义,亦有极为重要的科学研究价值,同时也是旅游观光、休闲娱乐的极佳场所。

图 4.9　放马坪高山草原(摄影:唐可)

4.1.7 三岔河

三岔河景区位于黔西南州贞丰县者相镇境内,总面积约为 8000 亩。三岔河风景名胜区离贞丰县城 9 km,地处黄果树瀑布与马岭河峡谷两个国家级风景名胜区中间,云贵高原向广西盆地过渡阶段,海拔 1200 m 左右,集静、雅、奇、秀和山、景、湖、峡为一体的省级旅游度假区、国家级 AAAA 级景区(图 4.10)。

三岔河由纳孔河、坡乍河、纳摩河汇合而得名。景区岩溶发育,峰峦丛生,盆谷珠串,气象万千,是集幽深、宁静、秀美、粗犷、古朴、神奇特点的高原丘陵山水风光型的风景名胜区。景区内有三岔湖水域、田园花海、房车度假村、三岔河国际露营基地、忆境酒店、生态农业观光园、纳摩河景观桥、温泉度假中心、"虎"字摩崖石刻群、杨氏庄园、纳孔布依古寨等众多景点,是人们休闲、科技、游乐、露营、农事、垂钓、赏枫等活动的好去处,备受中外游客的赏识和青睐。

图 4.10　贞丰三岔河景观(摄影:姜健)

4.1.8 贵州醇

贵州醇景区位于兴义市区内,是国家 AAAA 级旅游景区(图 4.11)。占地面积为 2407 亩,景区内山峰矗立、河谷环绕、林木葱郁、花海浩瀚,地貌以高原山地为主,是一个海拔较高、纬度较低、喀斯特地貌典型发育的山区。拥有爱情花海、爱情长廊、七彩广场、奇香楼、糊涂桥、龙潭瀑布、畏因桥、通灵阁、红梅坝、樱花园、民族文化美食园、不愧天酒楼等十多个相互联系又相互独立的景点，还有蘑菇街、蘑菇野奢酒店、滑索、阳光梦幻王国、阳光丛林历险乐园、脚踏船、碰碰船、露天啤酒广场等一系列丰富业态布局。

图 4.11　贵州醇景区风景（摄影：罗盛）

4.1.9　贵州龙化石群

　　贵州龙化石群位于兴义市乌沙镇，属三叠纪海生爬行动物群的代表分子，在国际学术界具有相当的知名度（图 4.12）。贵州省人民政府将该化石产地公布为省级文物保护单位。绿荫村三叠系中贵州龙化石自 1957 年被中国地质博物馆胡承志研究员发现后，经我国著名古生物学家杨钟健院士研究命名为胡氏贵州龙（Keichousaurus hui young，1958），距今

图 4.12　贵州龙化石（摄影：张德厚）

2.4 亿年，在生物分类上属爬行动物纲、双孔亚纲、鳍龙目、肿肋龙科。在中国甚至亚洲都属首次发现。因动物群产地面积宽、品种新、藏量丰，而使兴义被誉为"龙的故乡"。随着近年来研究工作的进一步开展，大量的海生爬行类化石，包括鱼龙类、海龙类、幻龙类、盾齿龙类和原龙类，在中国西南地区大量发现，它们构成了从早三叠纪末

期至晚三叠纪早期的一个持续时间长、门类齐全的海生脊椎动物群,命名为贵州龙动物群。贵州龙体长几十厘米,一般最大只 30 多厘米。

4.2 健康山地运动

4.2.1 户外山地赛事

　　黔西南州气候、区位、山水、人文的独特组合优势,使其成为国内外游客向往的"山地旅游胜地、户外运动乐园",被誉为"中国的皇后镇"。这里全年都可以开展户外运动,曾先后成功举办了国际山地旅游大会、全国山地运动会、中国自行车联赛、中国万峰湖野钓大奖赛、万峰林国际徒步大会、"史迪威公路"晴隆"二十四道拐"汽车爬坡赛、贞丰三岔河国际露营大会等系列国际性、全国性户外运动品牌赛事,形成了较好的品牌效应,是开展徒步、骑行、自驾、露营、漂流、野钓等山地户外运动和水上运动的绝佳之地(图 4.13)。

　　2018 年,先后成功举办 2018"全景贵州"女子国际公路自行车赛、2018 年国际山地救援交流演练暨全国山地救援交流赛、2018 年国际攀岩精英赛(贵州安龙)、兴义万峰林国际徒步大会、兴仁放马坪高山草原第二届全国露营风筝赛等大型赛事,山地运动影响力持续增强。

漂流(摄影:张霆)　　　　　　　　　　龙舟(摄影:柴邦州)

图 4.13 山地户外运动

　　为了通过山地户外运动促进群众休闲健身运动的发展,黔西南州在办赛形式上进行了大胆改革创新。在专业攀岩、徒步穿越、负重登山、空中单杠、场地拓展等山地项目中增加了群众参与的体验式活动,极大地丰富了山地运动会的参与性和观赏性(图 4.14)。赛事吸引了全国各地山地户外运动爱好者近千万人的参与。山地运动的成功举办,是黔西南州山地户外运动发展的一个里程碑。同时以赛会为载体,极大地提高了黔西南州的知名度和美誉度,积极推动体验旅游发展,为经济社会发展注入新的活动,是把推进全民健身运动与促进地方经济社会发展有机结合的一次尝试,对于打造山地户外运动品牌赛事、积极推进山地户外运动发展具有重要意义。

攀岩(摄影:雷忠明)　　　　　　　　歌舞表演(摄影:张霆)

图 4.14　山地户外群众参与体验式活动

　　黔西南州全力打造文化体育公共服务、活动推广、产业运营新平台,有效地促进当地文化、体育、旅游产业融合发展。目前,黔西南州已建成万峰林户外运动基地、少数民族传统体育项目基地和一批登山健身步道,建成了 264 km 环万峰湖体育旅游公路、接壤全州相关县市主城区和景区的经典骑行、徒步路线逾 200 km,以及国际山地自行车赛道逾 70 km 和热气球跑道 600 m,建成全国最长的徒步栈道——万峰林徒步栈道 24.4 km、全国最长的人工钓道——万峰湖野钓乐园钓道 7.3 km。

　　黔西南州不断提高在国内乃至国际的知名度和影响力,打造成为"激情体育胜地,野外运动乐园"。与此同时,竞技体育再创佳绩,省九运会位列金牌榜第四,排名历史最好成绩;成功举办黔西南州第三届运动会,这是黔西南州历届运动会以来赛事规模最大的一次高水平的体育盛会。黔西南州用行动诠释了"勤于学习、善于创新、勇于拼搏、敢于胜利"的贵州体育精神。

　　黔西南州居住着布依、苗、汉、瑶、仡佬、回等 35 个民族,境内各河流的纵横交错,独特的喀斯特地貌,杂居的民族,演绎了金州多彩的民族体育。在民族众多、风情独特的黔西南州,各民族独特的生活方式传承着独特的健身娱乐项目(武术、舞龙、赛马、打陀螺等体育活动)。黔西南州民族体育事业产业发展精准定位,各民族所拥有的民族体育不仅体现着本民族文化特色,更反映出明显的地域融合性。

4.2.2　万峰林山地运动

　　黔西南州围绕打造"国际山地旅游城市"和建设"国际旅游目的地"目标不断前行,制定"以基地为平台、赛事为抓手、俱乐部建设为依托"的发展战略,加大了户外产业基地建设力度,培育了山地户外特色品牌赛事,并不断推进山地户外运动大省建设。

　　万峰林热气球表演大赛作为吸引力颇高的受邀赛事,迎来了飞在兴义、飞在万峰林的第三个年头。从 2015 年至今,兴义相继举办了热气球赛事活动,三年来不断积累和发展,让热气球竞赛活动成为兴义的精品体育赛事。全民参与、共同健身的体育理念得到了充分的体现,形成了山地户外体育旅游发展的新亮点。2017 年,国际山地旅游暨户外运动大会上,几十只七彩热气球同时升空表演。万峰林开办的热气球体验项目,开辟了空中旅游的新项目,扩展了旅游的空间和内容。同时,万峰林景区开创性地将全民参与、观赏、娱乐与景区游览相结合,景区推介与飞行体验相结合,派生出了深度体验式旅游内容,推动全民航空运动的开展和创造性新旅游价值。2017年,国际山地旅游暨户外运动大会中国热气球俱乐部联赛的开幕,进一步实现了"体育＋旅游"的完美结合,提升了国际知名度和影响力(图 4.15)。

图 4.15　国际山地旅游暨户外运动大会万峰林热气球表演
(摄影:蒋挺)

　　随着国际山地旅游暨户外运动大会的生根发芽,黔西南州被誉为最新最潮的山地户外运动圣地。国际山地旅游大会系列活动之"多彩贵州"万峰林国际自行车赛在万峰林拉开战幕,赛事吸引了来自美国、英国、德国、俄罗斯等 20 个国家和国内 16 个省(区、市)的专业自行车选手精彩角逐,共 500 多名中外"追风者"齐聚一堂(图 4.16)。

图 4.16　兴义万峰林国际自行车赛(摄影 左:张林森 右:李泳)

自然山水因运动而激情无限,独特美景因体育而魅力无穷。黔西南州每年在万峰林举办参与人数众多、形式多样的健身活动,如万峰林国际自行车赛、万峰林热气球表演大赛、第六届贵州省旅游产业发展大会等,积极开展以徒步、自行车为主的系列户外活动。万峰林山地运动会比赛场地被国家体育总局授予全国"最佳赛区"的称号,在"首届中国体育旅游博览会"上入选中国首批"体育旅游精品项目",这些荣誉对黔西南州发展山地户外运动影响重大,意义深远。

4.2.3　二十四道拐汽车拉力赛

晴隆二十四道拐是一条抗战公路,是"史迪威公路"的形象标识,堪称险峻公路建设史上的杰出典范。这条二十四道拐的公路不仅仅具有奇特的美丽景色,还具有历史人文气息,公路原貌保存完整,具有极强的挑战性,是不可多得的汽车越野赛道。晴隆二十四道拐抗战公路已成功举办中国摩托车越野锦标赛、中国"史迪威公路"晴隆"二十四道拐"汽车爬坡赛、泛珠三角洲汽车集结赛、贵州省汽车短道拉力锦标赛暨"二十四道拐"汽车爬坡赛、自驾汽车爬坡等品牌赛事。如今,该赛事作为以"山顶旅游·绿色运动·同向发展"为主题的国际山地旅游大会系列活动,不仅使人们在新时代的沃土中喜获丰收,激发了四海友人的投资热情,推动了城乡建设的高速发展,还向国内外游客充分展示了二十四道拐的另一文化形象——汽车运动的体验乐园。

国际山地旅游大会"多彩贵州"史迪威公路晴隆"二十四道拐"汽车爬坡赛的车手,带着自己在"抗战生命线"上巅峰对决的激情,驾着各自的爱车,从安南古城广场出发,沿国道 320 线风驰电掣般驶向普晴林场汽车运动基地越野赛道开展森林穿越体验（图 4.17）。驾车穿越普晴林场山地汽车越野赛道,沿途宁静优美的自然风光,依绵延起伏的山峦而建的起伏曲折的赛道,让穿越车手们倍感空气清新。雄、奇、险、峻的"抗战生命线"的体育运动赛事、穿越体验与旅游的"联姻",为正在谋求跨越发展的晴隆旅游独辟了一条蹊径。

图 4.17　"二十四道拐"汽车爬坡赛（摄影:钱宪治）

4.2.4　三岔河国际露营大会

黔西南州秉持"国际化、产业化、高水平、可持续"的发展思路融合体育与旅游,打造特色突出、吸引力强、具有国际化水平的露营大会。黔西南州整合三岔河等名胜景区得天独厚的旅游资源举办了两届露营大会。首届国际露营大会活动丰富多彩,来自法国、英国、俄罗斯、美国、加拿大、越南等世界各地露营爱好者,以及江西、云南等17个省37个户外团队1000多人参加露营大会,露营基地搭建露营帐篷658顶(图4.18)。贞丰露营大会作为国际山地旅游暨户外运动大会的重要组成部分,不仅给众多运动爱好者带来独具民族特色的户外体验,还助力黔西南州旅游产业实现"井喷式"发展,推动露营活动成为贵州建设世界山地旅游目的地的又一重要品牌,在全省、全国乃至国际都有一定影响力。

图4.18　国际露营大会(摄影:柴邦州)

4.2.5　中国武术之乡

安龙县是"中国武术之乡",也是历史名城、康养之城,是集旅游、探险、康养、休闲于一体的美丽之都,这里有极佳的生态环境、良好的气候资源和丰富的康养资源,是广大武术爱好者流连忘返的户外乐园(图4.19)。安龙武术源远流长,文化特征明显,人文底蕴深厚,武术已经成为安龙县各族人民的文化基因,是当地传统文化的明显符号,深受老百姓的喜爱。2017年全国少数民族武术传统套路比赛,在黔西南州安龙县教育园区体育武馆中心展开。比赛将武术运动与民族的共同繁荣发展融合在一起,把"武乡安龙"的招牌擦得更亮,充分展现出黔西南州的精气神;进一步激发南明古都安龙开展武术运动,促进山地旅游发展的强劲动力,打响"武术安龙"的金字招牌,成为创建民族体育目的地的排头兵与先行者。

图 4.19　安龙武术之乡(摄影 左:雷忠明 右:王专)

黔西南州苗族同胞能歌善舞,全省舞龙公开赛在全国武术之乡安龙县举办,这是舞龙爱好者的又一次碰撞,也是让人民群众共享经济社会发展成果的重要举措(图4.20)。对于宣传推介安龙县民族文化和旅游资源,助推经济社会加速发展,助力决战脱贫攻坚、决胜同步小康具有重要的战略意义和现实意义。这次活动的举办,营造出热烈的全民健身氛围,吸引更多人自觉、主动加入到全民健身的行列中来。

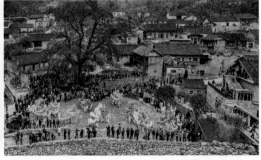

图 4.20　舞龙公开赛(摄影 左:张德厚 右:徐忠庆)

近年来,黔西南州立足得天独厚的山地旅游资源优势,秉持"绿水青山就是金山银山"的理念,坚持"全景式打造、全季节体验、全产业发展、全方位服务、全社会参与、全区域管理"的思路,全力实施山地旅游战略行动。尤其是 2015 年以来,黔西南州成功举办了多届国际山地旅游暨户外运动大会和"中国美丽乡村·万峰林峰会",搭建起了国际旅游、体育、扶贫交流合作的新平台。全国山地户外运动的成功举办,使多彩的贵州与多姿的户外运动相映生辉,相得益彰,既是国内山地户外运动发展的成果展示,也是黔西南州发展户外运动及产业的成功尝试,具有十分积极和深远的意义。山地户外运动让黔西南神奇而独特的山地旅游资源和户外运动产品得以走向全国、走向世界。

4.3 多彩人文景观

黔西南州的历史悠久、风物奇特,文化厚重,人文景观也十分丰富:全亚洲发现的第一个海生爬行类动物化石"贵州龙"、距今一万多年的"四球古茶"古茶籽化石、跌宕起伏的南明永历皇帝的皇宫和"明十八先生墓"等,形成了跨越时空的"历史文化长廊",这些承载着黔西南厚重历史文化的景区景点,富有特色、令人神往。同时,黔西南州还拥有许多山地民族特色的自然村落。

4.3.1 丰富的人文景观

(1)万屯汉墓

万屯汉墓群位于距兴义市东北 35 km 的万屯镇新桥村、下坝村、万屯村及其周边顶效镇和兴村、郑屯镇前锋村、鲁屯镇章磨村和桔山街道办峡谷村等处,分布面积约 65.61 km² ,是贵州境内分布面积广、数量多、科研价值重大的一处汉墓遗存。

迄今为止,共发掘了 9 座墓葬。从已发掘墓葬看,该墓群墓葬种类多,有土坑、砖室、石室和砖石混合等形制,而且墓葬规模大、结构复杂,出土了铜车马、提梁铜壶、陶质水塘稻田模型、镂空铜豆、五铢、汉砖等珍贵文物数百件。这些文物除具有较高的历史科研价值外,本身又具有较高的艺术价值。经研究出土的文物表明,万屯汉墓群葬于东汉和帝(公元 89—105 年)至灵帝(公元 168—189 年)期间,为东汉中晚期。

从墓葬形制和出土文物分析,该墓群与位于北侧的兴仁交乐汉墓群、贵州腹心地带的清镇平坝、安顺宁谷汉墓群以及重庆地区汉墓有较密切联系,因而它对探讨汉中央王朝对贵州地区的开发、郡县的设置和汉移民的来源等都是极为重要的资料。墓内出土的珍贵文物如铜车马、提梁壶、镂空铜豆、陶质水塘稻田模型等已为贵州省博物馆镇馆之宝。

(2)南明永历皇宫

南明永历皇帝所居,位于安龙县新安镇大同路,建于明末清初战乱年代,明朝崇祯皇帝死后,朱氏皇族广东世袭桂王朱由榔自立为南明永历皇帝,1652 年迁安龙,设立行宫指挥抗击清军。当地人把永历行宫称为"永历皇宫",毁于清朝同治年间。

清顺治二年(1645),桂王朱常瀛死于广西梧州,福王朱由崧命桂王之子永明王朱由榔嗣桂王。在众臣的拥戴下,朱由榔遂于翌年十月十四日监国于广东肇庆,十一月称帝,号"永历",以次年为元年。在清兵的追逼下,永历先后逃奔至梧州、平乐、桂林、全州等地,永历六年(1652)正月,孙可望遣总兵王受秀前往广西迎驾。二月初六移居贵州安隆所,改安隆所为安龙府。永历帝在安龙修建行宫,居住 4 年整,十年二月离开安龙。

2002 年,安龙县筹资重建南明永历行宫,2005 年 4 月竣工(图 4.21)。该行宫具备了中国宫殿建筑的特点,由门楼、文华殿、配殿、角楼组成,建筑风格基本还原了当年永历行宫的建筑样式。位于第三层台基上者为文华殿,是皇帝上朝听政,接受朝贺,举行大典的场所。位于第二层台基东西两侧均衡建有配殿,第一层台阶两边为角楼,门楼与第三层台基上的文华殿形成南北中轴线,两边的建筑均衡对称。永历皇宫,是游客了解南明历史及安龙历史文化、民族风情、自然景观的一个重要窗口。

图 4.21　安龙南明永历皇宫(摄影:张德厚)

(3)明十八先生墓

南明永历朝廷内阁大学士吴贞毓等 18 位拥护永历皇帝朱由榔的大臣殉难后合葬墓,位于安龙县城西北隅天榜山下。1656 年春,大将李定国由广西至安龙护驾,为 18 人垒墓,建庙于马场。1658 年,永历朝廷移跸昆明,遣通政使尹三聘会同安龙军民府知府范春鳌于清明节为十八先生墓树碑,永历帝亲题"明十八先生成仁之处"9 个大字;尹三聘将 18 人姓名、职官、死难之由镌刻于碑上。清康熙时期,南笼厅通判曾为十八先生墓立碑,略载 18 人姓名,殉难始末及诸臣绝命诗于后。

十八先生墓占地 4000 m² 左右,由墓区、祠堂、摩崖三个部分组成,依次渐高,四面高墙围护。墓前有大小石坊各一座,大石坊四柱三门,坊上刻有"岿然千古",左右分刻"成仁""取义"8 个大字,系贵州省著名书法家陈恒安先生补书,坊上镌刻松、梅、竹、兰花卉浮雕。小石坊树于大石坊之后,上刻"明十八先生之墓"7 字,坊桩、坊幅上刻云龙、狮子,刻工精细,形态生动。坊后即墓,墓后两侧树有 18 块石碑,镌刻历代凭吊诗文。墓区遍植松柏花木,庄严肃穆。

祠堂建于墓后,地势较墓区略高,石级层叠而上。"享堂"面对陵墓,歇山顶 28 柱石木结构,两厢配殿为 16 柱硬山顶石木结构,堂殿均以浮雕石墩作柱础,配以卷棚式回廊。刻花门窗,细磨石板镶嵌地面,翘檐飞斜,雕梁画栋,凝重古雅。享堂内原设置十八先生栗主牌位,现改悬 20 幅"明十八先生之狱"绘画,系贵州国画家黄天虎所绘,配有文字,以便游人观赏并了解史事。

享堂之后有"忠泉"一方,泉后紧傍山岩,岩下建"多节亭";右侧有卷棚式石木小屋一间,形似小船,名"虚舟"。《明史》、《清史稿》、《贵州通志》、《兴义府志》、江之春《安龙纪事》、屈大钧《安龙逸史》、王夫之《永历实录》、查继佐《明季南略》等,许多文人学士写下无数凭吊诗文。这一古迹自修复开放以来,吸引国内外众多研究南明史专家学者及游人,已先后接待过 10 多个国家的来宾。

(4)何应钦故居

何应钦故居位于兴义市泥凼镇,当地人称何家大院,有两处:一处位于泥凼镇街上,一处位于泥凼风波湾禄园。街上故居坐落于街边山腰,由前厅、两厢及正厅构成四合大院。三面环抱,形似太师椅,居前临桂北丘陵,千山万壑,浩瀚无垠,好像百万雄兵,后面大山犹如统兵大将,何氏故居有如将台,故有大将点兵之称。该故居始建于清光绪元年(1875),占地面积 3470 m²,建筑面积 1257.42 m²。主体建筑由正厅、两厢、山门和围墙构成三合大院,附属建筑有碾坊、染房、马厩、花鸟房、榨油房、水井等,院内有一棵百年老树鱼尾葵,供人观赏小憩,鱼缸上镌刻"鱼跃鸢飞",书法精湛,浮雕花鸟虫鱼,栩栩如生。

风波湾禄园何应钦故居,建筑内有大量民国时期特征的文字,如"爱护乡帮""隐居放言"等,建筑中的门窗、楼梯、栏杆及整体式样,有民国时期建筑的诸多特征。军阀混战的民国年间,局势动荡不安,故此处何应钦故居于"回龙转向"的龙头上筑石为堡,易守难攻,坚固沉稳。堡内建筑同街上故居如出一辙,由正厅、两厢、山门构成一个典型的三合大院。附属建筑有碾坊、酒房、染房、花园、鱼池等。石垣墙基础部位以方整石垒砌,中上部位多用毛片石,砌墙工艺根据石头形状不同有平砌法、立砌法、斜砌法多种,非常自由,却很牢固。厅内空透、舒展而不失雍容大度、雄伟气派。二楼用木栏杆合围,将民国时期民居建筑风格与当地布依族杆栏式建筑风格融合为一体。正厅正脊用瓦片堆砌成"二龙抢宝"图案,翼角飞翘,匠心独具。酒房、碾坊虽为作坊,但房屋花窗、垂瓜等装饰一应俱全,这些建筑不仅具有各自的功能和作用,也从侧面反映了何家当时的生活状态和习俗,历史价值不容忽视。

(5)刘氏庄园

刘氏庄园景区位于黔西南布依族苗族自治州首府兴义市下五屯街道办事处庄园社区刘氏庄园,兴义刘氏庄园系刘燕山创修(图 4.22)。刘燕山祖籍湖南邵阳,清嘉庆年间其祖入黔,是当地最大的地主。刘氏庄园始建于清嘉庆年间,咸同时期初具规模。到民国期间,又大兴土木,成为当地最大的庄园。庄园现存刘登吾居室、七间房、八间房、花厅、书房、长工房和花园鱼池、老宗祠、新宗祠、忠义祠、家庙、刘显潜居室、老议事厅、炮楼、院墙、马房及演武场等,现存房间 200 余间,建筑面积 18239 m²。庄园由多个独立的小院组成,结构布局奇巧独特,是一处中西合璧的近代庄园建筑,反映了半封建半殖民地历史背景下当地经济、文化、民俗的融合。

刘氏庄园景区已基本建成并对社会开放,建设内容有:家庙、忠义祠、督办府、花厅、轿厅、炮楼、回廊、何妨小住鱼池、书房及太平池、刘嘦吾居室、军分区教导队礼堂、旅游厕所、安全防范工程。建设完成的古建筑,均已进行了陈列布展工作,目前已成为兴义市乃至黔西南州最为重要的人文景区之一。目前兴义刘氏庄园景区由刘氏庄园陈列馆和贵州民族婚俗博物馆两部分组成。

图 4.22 刘氏庄园(摄影 左:张德厚 右:张庭)

4.3.2 美丽的自然乡村

黔西南的乡村景美情浓,峰林、瀑布、溪流、峡谷、天坑、溶洞等奇特壮美的自然乡村景观星罗棋布。

(1)美丽的纳灰村

纳灰村(图 4.23)坐落在有"世界人类生态后花园"之称的万峰大坝上,美丽婉转的纳灰河在纳灰村中穿行而过。布依族是"水稻民族",喜居水边,而纳灰村是典型的布依族聚集地。走进纳灰村,一片迷人的景色就会映入眼帘,垂柳依依,古榕怀抱,小桥流水人家,一座座石桥横跨在纳灰河上,茂密高大的古榕树掩映富有布依建筑特色的农屋(李光映,2013)。

美丽田园(摄影:吴明)　　　　　　　　纳灰村新貌(摄影:张霆)

图 4.23 纳灰村景观

　　从高处俯瞰纳灰村,田野、大坝、脊椎状的峰林,大块小块,一片片油菜花随意地生长着,金色灿烂、郁郁葱葱、生机勃勃,春风掠过,那挂在油菜尖上金黄色小花,探头探脑、若隐若现、随风起舞、婀娜多姿。静默美丽的田野,使这峰林、古寨、古榕、古桥、八卦田、日月田、马蹄田和淳朴的民风连成了一幅如诗如画的天然山水长卷,他们用大自然这支画笔,在希望的田野上描绘出自己的心愿,富有诗情画意的纳灰村,就像珍珠洒落在缱绻的万峰丛中,焕发出中国美丽乡村的独特光彩。2006年,纳灰村被列为贵州省社会主义新农村建设"百村试点"村寨。

　　(2)世外桃源坡岗村

　　静谧的坡岗村(图4.24)是群山怀抱下一个与世隔绝的世外桃源,田野、村庄、小河是那么安静、恬淡,山秀、水美、村古、天人合一。坡岗雄横绵延在南盘江西面,是条景色异常美丽的山冈,在贵州高原的西南部,东至历史古迹安龙招堤、西进昆明、南下两广、北上贵阳的黄金旅游线上,其中上坡岗的间歇岩溶生态园,由水景奇观的间歇泉、太阳泉,岩溶奇观的峰丛洼地、天坑人家、悬崖壁、绒东观景台、古营盘、布依古寨、古宗祠、生殖神以及天印山、守寨土地、坡岗烈士陵园、冯氏古民居、布依族生态博物馆组成。水是生命之源,位于巴拿大坡下的间歇泉,可谓天造佳景,神秘清幽,孕育了坡岗文化的摇篮,坡岗因间歇泉"水长而美"。村民因常饮间歇泉水的缘故,村里多长寿老人,"九缸钵"也因此享誉一方。

潺潺流淌的间歇泉泉水(摄影 左:张霆 右:陈芳)

图4.24　坡岗村景观

　　(3)天然氧吧安龙打凼村

　　打凼村位于黔西南布依族苗族自治州安龙县城东北部15 km处,是一个典型的布依族村寨。村庄以90%以上的森林覆盖率与水流清澈见底的湾湾河、水潭、民居,构成了一幅"古树—小桥—流水—人家"天然山水画,是贵州最具魅力的民族村寨之一,亦是避暑纳凉的好地方。打凼山寨傍山林,万年化石垒成墙;千年古树景色秀,清澈河水绕寨行;画眉声声入画景,布依山寨布依情。打凼村的魅力,得从该村的"三绝三谜"说起。"一绝一谜"是村里生长着 56 株树龄为百年甚至千年的重阳树,具体树龄是多少年至今仍是个"谜"。重阳树素有"美木"之称,属大戟科,已列入古树名木名录,是有名的老龄树,只生长于长江以南,如此众多的重阳树生长在一起,构成了一个密度很高且保存较为完好的天然古植物群落,为一绝。"二绝二谜"是村里表土之下埋藏着"万年化石",化石何时形成仍是个"谜"。经沧海桑田的变幻,过去的痕迹则被定格在一块块树木等植物和古化石上,当地村民取之作为房屋砌石之用,形态特殊,古色古香,构成了化石的古村落。另"一绝一谜"是打凼村别具一格的武术,其流派至今仍是个"谜"(马辉 等,2017)。

(4)"天坑里的乡愁"雨补鲁

雨补鲁(图 4.25)地处马岭河峡谷上游、清水河长廊景区腹地,坑底平坦、土壤肥沃、水源充沛、树木繁茂,四面群山环抱,整体呈喇叭花型,其坑周围奇峰林立。雨补鲁是世界迄今为止发现的唯一有人类居住的天坑,至今已有 600 余年的历史。曾以其独特的天坑地貌入选国家地理标识,2012 年央视科教频道《地理中国》栏目对其进行专题报道,2017 年 9 月湖南卫视《爸爸去哪儿》栏目到此拍摄。雨补鲁天坑是一个发育非常成熟的天坑,曾被地质学家称为华夏已发现的天坑之首。

坑寨奇丽,石屋、石墙、石路、修竹、泉眼、古树、古井、溶洞、古河道和茶马古道等,天坑四周半山上多处有泉水流出,其中以东边半山上的龙潭洞泉水流量最大,除满足坑寨人家人畜饮水之外,还浇灌坑内 300 余亩良田。寨内古树参天,百年老宅比比皆是,古井、溶洞、泉眼随处可见,这里被誉为黔西南州的"世外桃源"。

图 4.25　雨补鲁(摄影:张德厚)

4.4　浓郁民俗风情

黔西南州除汉族外,现共居有布依族、苗族、彝族、回族、黎族、亿佬族、壮族、瑶族、侗族、蒙古族、满族、白族、水族、土家族、藏族、哈尼族、仫佬族、傣族、傈僳族、畲族、朝鲜族、傣族、土族、维吾尔族、京族、纳西族、哈萨克族、佤族、羌族、拉祜族、毛南族等 35 个少数民族。2018 年年末,全州户籍人口 365.17 万人,其中少数民族人口158.2 万人,占 43.3%,是一个多民族聚居的自治州。其中尤以布依族最多,人口规模为 92.5 万人,占少数民族人口 64.11%,是布依族文化最为集中的体现地,保存了包括非物质文化遗产、特色村寨等众多民族文化资源,具备打造中国布依族文化旅游品牌的资源条件。民族歌舞、民族绝技、民族节日、民族风情,相生相伴、相得益彰!

黔西南州少数民族氛围浓厚,民族种类多样,民族历史文化悠久,民俗风情充满魅力(表 4.1),拥有以"八音坐唱"为代表的 8 项国家级非物质文化遗产、以"布依铜鼓十二则"为代表的 49 项省级非物质文化遗产(马辉 等,2017)。

表 4.1　黔西南州少数民族文化资源表

类型	资源单体
非物质文化遗产	国家级非物质文化遗产(8 项):八音坐唱、布依戏、小屯古法造纸、铜鼓十二调、望谟县布依族"三月三"、勒尤、高台狮灯舞、查白歌节上竹筒传情; 省级非物质文化遗产(20 项):布依族民间故事、布依族吹打乐、布依族小打音乐、布依族叙事诗、布依族十二古歌、布依勒浪、布依族转场舞、布依族棍术、布依族刺绣、布依族说唱"削肖贯"、望谟县布依族民间棋艺、望谟县布依族糯食制作技艺、望谟县布依族粮仓建造技艺、望谟县布依族土布制作技艺、望谟县麻山绝技、望谟县麻山苗族山歌、布依族铙钹舞、"展稍"、布依族蓝靛靛染技艺"谷纽曼"、布依族摩经
特色村寨	兴义纳灰布依村、贞丰纳孔布依村、兴义南龙古寨、安龙打凼村、安龙香车河村、贞丰小屯乡龙井村(古法造纸)、安龙坝盘村、册亨大寨村(转场舞)、册亨冗坪村(布依山龙)、册亨板万村(哑面)、望谟新屯村(削肖贯)、望谟王母村(耍麒麟)、望谟平饶村(竹鼓舞)、望谟平洞村(糠包舞)
布依名人	反清起义领袖韦朝元、革命烈士王海平、农民运动领袖曾济光、历史学家黄义仁、中国国画浙派带头人胡寿荣等
特色文化项目及文化地	贞丰贞观寺——布依族人的圣地、兴义刘氏庄园——全国唯一少数民族婚俗博物馆、现代布依戏——《谷艺神袍》、望谟——中国布依城、望谟麻山镇——麻山绝技、望谟布依电视剧——金龙练
传统节庆活动	春节、三月三节、四月八节、六月六节、七月七节(尝新节)、八月八苗族风情节、盘王节等

4.4.1　民族服饰

(1)布依族服饰

布依族是我国西南方古老的少数民族,布依族服饰伴随着自然条件、社会条件、意识形态和社会制度的变化而发展演变,至今因其古朴、独特和多姿,于 2014 年入选第四批国家级非物质文化遗产保护名录(图 4.26)。

图 4.26　布依族风情(摄影 左:张霆 右:张德厚)

布依族服饰曾经过漫长历史的发展和变化,新中国成立后,主要着长衫和对襟衣。长衫有蓝色、黑色、白色,均为宽襟右侧开扣。蓝色、黑色长衫多是老年人平时穿用或作礼服;对襟衣根据布料颜色做成不同色调,胸前对偶排扣。裤子为大吊裆直筒裤。成年人喜包头帕,有白、蓝、黑 3 色相间花方格头帕、青帕和白帕 3 种,长度 2~4 m。靛染做成的侧襟长衫现在只有布依族长老、摩师在重要祭祀活动和节庆日才穿。

布依族妇女服饰呈地方性和片区性特色。总体上看,保留至今的主要有"上衣下裙"和"上衣下裤"两种式样。"上衣下裙"为上穿斜襟短衣,下穿百褶裙,腰间系素色长围腰。"上衣下裤"为上穿斜襟短衣(或斜襟中长衣),下着大裤脚,胸前系绣花围腰;斜襟上衣分无领和有领两种;头饰基本上都还包土布头帕,只是各地的包法不一样;脚穿自制布底绣花鞋,鞋头有的圆形、有的尖翘。

童帽是最具民族特色的装扮,母亲会根据小孩的脸型等选用各色布料和绸缎进行缝制。童帽上有精美的刺绣,漂亮的"栏杆"镶边,有的还镶嵌银饰。童帽的形状多种多样,有仿动物头面的,如猫头帽、狮头帽、兔头帽等;有仿古代头盔的包耳帽、仿文官的乌纱帽等。帽子正前面,钉满银质罗汉或玉质罗汉,或者钉上刻有"长命富贵"等吉祥字样的玉扣;帽子背后,吊有彩色耍须和数个银质的小铃铛。布依族童帽,各具特色,是珍贵的民族工艺品。

（2）苗族服饰

苗族服饰多姿多彩，据有关方面统计，种类多达 200 余种。居于黔西南的苗族，种类亦不下 20 种。各方言支系苗族男装大同小异，头戴帕。上装有长衫、短衣、马褂及披肩，下装均为大裤脚、深裤裆、无裤带系。中部方言长衫均为黑色和蓝色，全素无任何花纹。短衣为对襟衣，除黑色、蓝色外还有其他颜色，全素无花纹、花边，不穿马褂。西部方言长衫有黑色、蓝色、油绿色、白色等，有的绣有花纹、花边，有的还加穿马褂、搭披肩，马褂、披肩绣有花纹图案，色彩各异。短衣有的为素色，有的绣有花纹图案、镶花边。

黔西南苗族穿戴喜着银饰，许多苗族妇女尤其是年轻姑娘，都喜以银制品作装饰，或为手镯、戒指，或为耳环、耳坠、项圈。特别是中部（黔东）方言年轻苗族妇女和姑娘，其盛装从头到脚都佩以银饰，周身银光闪闪，璀璨夺目。所佩戴之银饰种类及数量为：银项圈五至七支、银手镯三至五对、银耳环四对、银勾银爪各一个、银链四条、银戒指几只或十几只（分别戴于手指或佩挂于胸前的小项圈中）、银泡花六七十个或一百来个（分别钉置于头巾、前衣胸、后衣背、衣袖和裙帕）。

苗族银饰，构思巧妙，制作精湛，美观绝伦，不仅仅是衣着饰品，更重要的还是娶媳必备的重要彩礼，没有银饰彩礼，姑娘一般都不会出嫁。因此，家家户户，无论再苦再穷都要为儿子筹备好成家的银饰彩礼。此外，苗族小孩也喜以银作饰品，如将银罗汉、银泡花、银铃铛等钉于帽上，将银制成银铃手镯戴于手上，等等（图 4.27）。

图 4.27　苗家山里娃（摄影：张德厚）

4.4.2　民族节日

(1)布依族三月三

每年的农历三月初三,是贞丰、望谟等地布依族的民族传统节日。农历三月,农业春耕生产即将开始,在传统的观念中,为了使全寨人达到"禳灾祈福、寨子安宁、风调雨顺、五谷丰登"的目的,祖祖辈辈生活在北盘江畔的贞丰布依族人民在农历三月初三这一天都要举行相应的祭祀活动。祭山活动是布依族"三月三"的主要活动之一,距今已有两百多年的历史。

"三月三"节日的这天,寨里的每户,除了一个男家长去参加祭祀山神活动外,其余老少听到祭山神杀猪前鸣放的鞭炮后都要上山去"躲虫",也就是躲避各种虫害、灾难和瘟疫。去"躲虫"时各家都煮好五花糯米饭、圆糖粑,蒸好香肠、腊肉等,用竹饭盒装到山头的大树下或草地上吃。现今的布依族节日"三月三",已经有了许多变化,成为布依族地区群体性的集会,有专门的歌舞表演,以及其他节日游艺活动(图 4.28)。

图 4.28　布依族三月三(摄影:张霆)

(2)布依族六月六

"六月六"是贞丰布依族人民一年中最隆重、最具民族特色的传统节日(图4.29)。"六月六"在布依语里称"庚香陆",是布依族最为隆重的传统节日之一,有过"小年"之称。每逢"六月六",各地的布依族都会组织各式各样的庆祝活动,由于居住地区不同,过节的日期也不统一,有的地区六月初六过节,称为"六月六";有的地区农历六月十六日或六月二十六日过年,称为"六月街"或"六月桥"。

"六月六"作为贞丰布依族最有特色的传统节日,是集生产、宗教、娱乐为一体的文化形式,具有广泛的群众性。"六月六"活动是一种全民族普遍参与的活动,"六月六"活动内容的产生已形成一种比较固定的行为,并得到本民族的认可,人们对祖先遗留下来的这种民俗事项,在参与的过程中受到一定的熏陶和影响,存在一种潜在的

图 4.29　布依族六月六（摄影：张德厚）

心理力量。在祭田神的家庭活动中，特别要求孩子参与，让孩子目睹祭田仪式的全过程，是想使其身临其境，起到潜移默化的教育作用。而祭社神的关键人物是寨老，寨老是从本寨最有声誉、威望的老年人中产生，是维系本寨村规、寨规的执行者，大公无私，一切以全族、本寨利益为重，是祭社神活动的主要传承者，而参与活动的青壮年人则是祭社神活动的继承者、接班人。唱歌、对歌则要通过口传心授进行传承。特别是在布依族"六月六"期间，青年男女对歌、唱歌、唱情歌是布依族青年男女谈情说爱的方式，以歌为媒，以歌代言，以歌表达心意，反映对过去"父母之命，媒妁之言"婚姻的反叛，体现了布依民族追求美满婚姻、企盼幸福生活的强烈愿望。

（3）查白歌节

查白歌节是贵州省黔西南布依族苗族自治州兴义市顶效镇查白村布依族群众隆重而盛大的传统节日，于每年的农历六月二十一日至二十三日举行。查白歌节来源于布依族的一个民间传说故事《查郎与白妹》。为了纪念一对为爱情献身、不畏强暴的布依夫妇，把他们生活过的虎场坝改名为"查白场"，并把白妹殉情的日子农历六月二十一这天定为"查白歌节"。每年歌节来临之前，居住在查白场附近的布依人家都会打扫房屋、拆洗被帐，挂满村寨前后，取意干干净净、清清白白。

（4）八月八苗族风情节

"八月八"苗族风情节，是中国贵州黔西南州兴仁苗族人民的传统节日。同名"贵州·兴仁·鲤鱼'八月八'苗族风情节"。源于一个美丽的苗族民间传说。相传远古时代，天降大雨，百日不绝，大地一片汪洋，生灵涂炭。唯有勤劳勇敢的苗家少年阿衣和美丽善良的阿兰姑娘带着忠实的猎狗阿嘎寄身于一只大木盆里，随波漂泊……他们心心相印，不畏艰险战胜灾害，捧来肥沃的泥土，细心栽种，日夜呵护，终于迎来了新生。

每年农历八月初八,正值稻谷黄熟收割季节,县境及周边的苗族同胞洋溢着丰收的喜悦,家家户户杀鸡宰鸭,烤一锅热腾腾新糯米酒,煮一甑香喷喷花糯为饭,或邀请客人,或走亲访友。男女老少身着节日盛装,佩带华丽首饰,欢聚一堂,载歌载舞,庆祝丰收。

(5)彝族火把节

彝族火把节(图 4.30)是所有彝族地区的传统节日,流行于云南、贵州、四川等彝族地区。白、纳西、基诺、拉祜等族也过这一节日。农历六月二十四日的火把节是彝族最隆重、最盛大、场面最壮观、参与人数最多、最富有浓郁民族特征的节日。火把节有着深厚的民俗文化内涵,蜚声海内外,被称为"东方的狂欢节"。

图 4.30　彝族火把节(摄影:张德厚)

火把节对于彝族人民与各民族交流往来,以及促进民族团结都有现实作用。国家非常重视非物质文化遗产的保护,2006 年 5 月 20 日,该民俗经国务院批准列入第一批国家级非物质文化遗产名录。

火把节的由来虽有多种说法,但其本源当与火的自然崇拜有最直接的关系,它的目的是期望用火驱虫除害,保护庄稼生长。火把节在凉山彝语中称为"都则"即"祭火"的意思;在仪式歌《祭火神》《祭锅庄石》中都有火神阿依迭古的神绩叙述。火把节的原生形态,简而言之就是古老的火崇拜。火是彝族追求光明的象征。

4.4.3　民族音乐

(1)布依族八音古乐

八音古乐是布依族音乐中的奇葩,其旋律优美典雅、令人难忘。黔西南八音已被列入首批国家级非物质文化遗产名录。

八音是用八种器乐演奏得名,也称八音坐弹(唱),主要流行于册亨、安龙、兴义等地。演出队伍 8~14 人不等,不化妆。因用牛骨胡、竹筒琴、直箫、月琴、三弦、芒锣、葫芦、短笛等 8 种乐器合奏而得名,现在演出中还有木叶、马锣、木鱼等参与。

　　"八音"常在民族节日、婚丧嫁娶、建房、祝寿等场合演奏,是深受布依族人民喜爱的民族说唱艺术形式(图 4.31)。最具代表性的传统节目有《贺喜堂》《迎客调》《敬酒歌》《福满堂》《贺寿堂》《拜堂调》《哥妹调》等 40 余个,尾曲《盛世调·昂央》等。内容主要取材于布依民间口头文学、民间音乐和说唱艺术,表现出布依人民对生活的热爱、对丰收的向往、对爱情的追求、对丑恶的鞭挞。因其源远流长,旋律古朴流畅、婉转优雅、优美悦耳、民族特色浓郁而被称为"天籁之音"。

图 4.31　布依族八音坐唱(摄影:张霆)

　　(2)布依族小打音乐

　　流行于普安、晴隆、贞丰、关岭、兴仁等地的器乐演奏,一般不伴唱。其中以普安、晴隆、兴仁等地流行的"登弹达吟"(直译是"弹月琴、拉二胡")为最典型(图 4.32)。这种演奏形式在很多地方也称"小打"。乐器通常有箫、笛、二胡、四弦胡、月琴、鼓、锣等。据专家调查,现在民间仍有三百余首乐曲流行,主要曲目有《接客调》《送客调》《请客喝酒调》《谢酒调》《过街调》《八谱穿梆子》等。曲体结构有"一枝梅""双飞燕""三春柳"等,旋律发展手法有"大翻""小翻""龙摆尾""龙打滚""画眉穿山""双龙出洞""遍地撒种""金蝉脱壳"等。布依村寨凡有红白喜事或者节日农闲时,艺人们就聚在一起演奏,围听的群众往往通宵达旦,不愿散去,可见其艺术感染力之强。

　　(3)布依族勒尤和勒浪

　　勒尤和勒浪,是布依族双簧气鸣乐器。它们形似唢呐、无碗、上置虫哨吹奏,音色明亮而甜美。可用于独奏或为歌唱伴奏,深受布依族人民的喜爱。流行于贵州省黔

图 4.32　布依族月琴弹唱(摄影:张德厚)

西南布依族苗族自治州贞丰、望谟、册亨和黔南布依族苗族自治州罗甸等地。

　　勒尤,是布依语音译,布依语"勒"作名词为唢呐,作动词是追和选择之意。布依语"尤"是指情人。因而"勒尤"可直译为"选择(或寻找)情人的小唢呐"。民间也称其为小唢呐。由管身、簧哨、侵子和共鸣筒等部分组成,全长 50 cm 左右。勒浪,是布依语音译,布依语"勒"是指唢呐,"浪"是坐之意,可直译为"与情人同坐的小唢呐"。

　　勒尤和勒浪,在布依族世代相传,与青年们的恋爱、婚姻有着密切联系,是青年小伙子用来向自己心爱的姑娘表达爱情的乐器,也常常作为订婚的信物赠给女方。勒尤和勒浪常于夜间在野外吹奏,可以吹出各种情话,以乐曲代替语言。勒尤(或勒浪)调委婉如歌、悠扬动听,除首尾稍有规律外,主要旋律常不受任何拘束地即兴发挥,同一曲调,每次吹奏都会有很大变化。

4.4.4　民族歌舞

　　(1)布依族舞蹈

　　布依族传统舞蹈大多与摩教信仰有关,如铙钹舞、转场舞、绕坛舞、铜鼓舞、刷把舞、竹竿舞、竹鼓舞、耍龙舞、狮子舞,等等,属于民间娱乐活动。转场舞、绕坛舞、铜鼓舞、刷把舞均为丧葬期间超度仪式上表演的舞蹈。

　　铙钹舞:布依语称"倖躲",流传于望谟、册亨、安龙、贞丰、普安、晴隆等县布依族地区。此舞一般在"砍牛"仪式前跳,舞者均为男性。伴奏乐器有大锣、皮鼓、大钹。

　　绕坛舞:也称回旋舞,流行于望谟一带,在超度亡灵的道场中表演。舞时第一人执令旗,第二、三人是笛手,第四、五、六人是锣鼓手,后跟五六个执事人员,手拿香、烛、酒、肉等,随笛声和锣鼓声的节奏,绕着广场舞蹈。从第一个开始,依次每隔一人、二人、三人穿插回旋,反复变换队形,边舞边跳,笛声悠扬,鼓点节奏鲜明,十分感人。

转场舞:布依族叫"勒乌",流行于册亨县威旁乡大寨村。"勒乌"的意思是欢快地舞。其表演形式为:以击钹镲、敲锣鼓为节奏,男女青年手拉着手,人数不限,舞者时而围圈狂舞,时而纵横翩跹,时而穿针走线,时而蹲着奔腾。舞姿奔放、自如、细腻、潇洒、大方。舞蹈象征着布依族人民驱邪恶,丰收在望,幸福吉祥。在舞蹈开始前,要举行"祭师"仪式。仪式时间为每年正月十三清晨。届时,几位德高望重的寨老与祭师一道先祭拜土地、山神、庙神,再祭拜转场舞的舞台。祭拜时念摩经。鼓声一响,村民们手拉手,开始跳舞。舞蹈从正月十三一直跳到正月十五晚上。2015年农历十月十八,册亨县举办中国布依文化年万人转场舞,气势恢宏,场面壮观,被列入世界吉尼斯大全。

(2)苗族舞蹈

黔西南苗族舞蹈主要有板凳舞、芦笙舞、铜鼓舞、木鼓舞、祭祀舞等数种,以板凳舞、芦笙舞最为常见,也最具代表性。苗族舞蹈可单人表演,也可双人和数人表演,更适合集体表演,其动作粗犷奔放、自然大方,表演人数越多,场景越为壮观,气氛更为浓烈。如兴仁"八月八苗族风情节"展演的"苗族万人板凳舞",其场面无不令人惊叹,"兴仁苗族万人板凳舞"已被收录入上海吉尼斯纪录。

(3)布依族龙舞和狮舞

舞龙多在农历正月举行,由舞龙队到各村寨巡回演出,以增加节日喜庆气氛(图4.33)。其表演具有民族特色。贞丰一带,舞龙先由寨老舞龙头向上跃起一步,然后才按乐曲节奏追逐两个绣球翻滚。舞完一圈,又向上跃举龙头一步,龙身又再次翻滚舞动,妙趣横生。有大狮和少狮之分。大狮即两人合扮的大狮子,少狮即一个人扮的小狮子。用一人戴假面具,打扮成沙和尚,手持彩球,引逗"狮子"做种种技术表演。表演文狮时,尽力体现其温顺性格,通常有舔毛、搔痒、打滚、抖身理毛等动作;狮舞常

图4.33　布依族龙舞和狮舞(摄影:张霆)

伴以武术对打,以壮"军威"。武术有长棍、钉耙、刀术等等,既是娱乐,更是体育和军事训练。在兴义、册亨、安龙一带,有表演高台舞狮的习俗。较为有名的兴义市瓦嘎高台舞狮已列入国家级非物质文化遗产名录。

（4）布依戏

布依戏在布依语中称"谷艺",主要分布于黔西南州布依族聚居的册亨县,它是受汉、壮、苗族戏曲的影响,用布依语演唱布依族乐曲,在八音坐弹、板凳戏的基础上发展形成的。它的题材、内容、艺术形式都是为适应农民和农村居住特点而产生的,有浓厚的乡土气息和地方特色,具有形式多样、题材广泛、造型夸张、色彩鲜明的艺术特点。布依族历史上没有文字,戏剧传播仅靠戏师口传身授,或用汉字记布依语音成本传世。据统计,布依戏现有剧目仅 80 余个,布依戏剧目分为传统剧目、移植剧目、现代剧目三类。传统剧目对话、唱词均用布依语,民族特色最为浓郁。移植剧目用"双语"演唱,多年来已形成固定格局,布依族观众也随之养成欣赏移植剧目的习惯。现代剧目这类作品以人物形象鲜明、故事情节生动而受广大群众的欢迎,引起强烈的反响。

4.5　多样康养产品

黔西南州拥有多样的康养产品,具有当地特色的茶文化、农产文化、中医药文化、饮食文化和手工艺文化等,这些都渗透在黔西南出产的产品中:驰名中外的四球古茶、贵州醇、薏仁米、石斛、食用菌等,让人吃得开心,更吃得健康。

4.5.1　古茶树

目前世界上唯一的"古茶籽化石"（图 4.34）,于 1980 年 7 月在晴隆县、普安县接界的地段被发现,茶叶资深专家刘其志和林蒙嘉老先生会同贵州省农业科学院、贵州省地质矿产勘查开发局、中国科学院地球化学研究所等专家一致认为它是第三纪形成的四球茶籽化石。1987年,经中国科学院南京地质古生物研究所郭双兴教授的权威鉴定认为这块化石形成的地质年代是在2400 万年前。根据目前的发现和科学研究表明:世界之茶,源于中国;中国之茶,源于贵州。

图 4.34　黔西南州古茶籽化石

黔西南州茶产业办公室编制了《茶氏物语》一书,据记载,兴仁巴铃镇木桥村的古茶树是目前全省发现的最古老的茶树,黔西南的西北部晴隆和普安至东南部安龙一带,是茶类植物起源的最核心地带之一。近年来,随着人们对茶文化的探寻和追溯,黔西南有一批古茶树相继被发现,兴义市七舍镇有古茶树233株,最大的一棵有着上千年的历史。兴仁市境内已发现茶树龄在百年以上的古茶树面积约700亩,是全省古茶树保存最好的地区之一。

茶叶在全州农业生产中占有重要的经济地位,晴隆、普安、兴义被列为全省重点产茶县,依托"古茶籽化石发掘地、古茶树之乡、早生绿茶产业带",集中打造"晴隆绿茶""普安红""万峰报春"茶叶公共品牌。全州茶园种植面积44.6万亩,茶叶总产量1.42万吨,产值9.3亿元。主要种植福鼎大白、八步茶、安吉白茶、龙井43号、云南大叶、鸠坑种、黄金芽等多个品种。新增标准化认证基地6.48万亩,全州现有茶叶新型经营主体277家;省级龙头企业9家、州级龙头企业37家,"SC"认证企业24家。

4.5.2　薏仁米

薏仁米(图4.35)是药食兼用的作物,被誉为禾谷类"保健滋补之王",性味甘淡微寒,有利水消肿、健脾祛湿、舒筋出痹、清热排脓等功效,食用、药用、美容价值都极高。明代李时珍《本草纲目》中记载:薏仁米能健脾益胃、补肺清热、祛风渗湿。炊饭食,治冷气。煎饮,利小便热淋。现代科学研究和临床实践更证明,薏仁米有抗肿瘤、调节免疫、降血压、降血糖、抗病毒等方面的药理活性。同时,薏仁米还是一种美容食品,长期食用可以保持人体皮肤光泽细腻,消除粉刺、雀斑、老年斑、妊娠斑、蝴蝶斑等,对脱屑、痤疮、皮肤粗糙等有良好疗效。

图4.35　薏仁米

全州薏仁米种植面积约65万亩,主要品种有兴仁小白壳,贵薏苡1号,黔薏苡1号、2号等。薏仁米的主要产品有:薏仁米饼干、薏仁米酒、薏仁米饮料、薏仁米面条、薏仁米精粉等。销售方面主要包括实体营销、网络营销、国内营销、国际营销。实体营销主要通过专卖店进行销售;网络营销主要通过与阿里巴巴、天猫、京东、苏宁易购等网商平台合作,并邀请中央电视台大力进行宣传推介,促进网络销售。国内主要销往北京、上海、广州、珠三角、长三角、东三角地区。国际上主要销往美国、欧洲、日本、东南亚等地。

2012 年 7 月,中国粮食行业协会授予贵州省兴仁市"中国薏仁米之乡"称号;2013 年,获国家质检总局"兴仁薏(苡)仁米"国家地理标志产品保护;贵州华丰公司的"苗岭人家"获贵州省驰名商标,"晴隆糯薏仁"获国家商标总局颁发的地理标志商标,贵州汇珠集团的"薏之源"获国家商标总局注册商标。2016 年,兴仁市获得"国家级出口薏仁质量安全示范区"荣誉称号。2017 年,兴仁薏仁米特色农产品优势区被评为第一批"中国特色农产品优势区"。2018 年 5 月 9 日,在国家市监总局主导的"2018 中国品牌价值评价信息发布暨第二届中国品牌发展论坛""地理标志产品区域品牌"百强榜单评价结果中,兴仁薏仁米位列"地理标志产品区域品牌"榜单第 19 位。

4.5.3　中草药

2018 年,全州中药材种植面积约 95 万亩,产量突破 41 万吨,实现产值 24 亿元,覆盖农户 21 万人,贫困人口 4.9 万人。黔西南州由于特殊的地理气候和土壤条件,非常适合中药材的生长,其中尤以兴义石斛(铁皮石斛为主)、安龙及兴义山银花(黄褐毛忍冬为主)、罗甸艾纳香、兴仁及晴隆薏苡等较为著名(图 4.36),主要发展和生产石斛、艾纳香、何首乌、桔梗、吉祥草、薏苡、黄精、天冬、刺梨、米槁、南沙参、南板蓝根、益母草、厚朴、山豆根、葛根、虎耳草、百尾参、射干、鱼腥草、水蛭等中药材。

图 4.36　石斛花和植株

铁皮石斛是 39 种药用石斛中的特级珍品,素有"软黄金"和"千金草"的称号,国际药用植物界称其为"药界大熊猫",民间称其为"救命仙草",铁皮石斛的考据出自秦汉时期的《神农本草经》,主要的药材基源是铁皮石斛的干燥茎和新鲜茎,至今已有 2000 多年的历史(王培培 等,2012)。铁皮石斛的茎经过加工炮制,一边炒一边扭成螺旋形状的干品称其为铁皮枫斗。目前石斛共分为六类,即黄草石斛类、铁皮石斛类、金钗石斛类、圆石斛类、马鞭石斛类、金黄泽石斛类等,铁皮石斛雄踞榜首(林燕飞,2009)。

唐代开元年间道家的《道藏》把铁皮石斛、三两人参、天山雪莲、冬虫夏草、花甲茯苓、百年首乌、深山灵芝、苁蓉、海底珍珠列为"中华九大仙草",而铁皮石斛因卓越的补养功效及迥殊的生存环境被列为"中华九大仙草"之首,是一味极其宝贵的中药材(邓鹏,2010)。铁皮石斛因富含多糖、生物碱、氨基酸和菲类化合物等多种药用成分,在抗肿瘤、提高人体免疫力、降血糖、延缓衰老、扩张血管以及改善萎缩性胃炎和糖尿病等方面有着显著的疗效(李燕 等,2010)。铁皮石斛在 1987 年已被《濒危野生动植物种国际贸易公约 CITES》和《中华人民共和国珍稀濒危植物名录》列为Ⅱ级保护植物,同年被国务院将其列为重点保护的中药材之一,2001 年被列入《国家重点保护野生植物名录(第 2 批)》,严禁采摘(卢怡萌,2014)。

国家农业科技园区安龙石斛谷位于安龙县栖凤街道坡脚片区,地处南盘江河谷,属南亚热带季风气候区,森林覆盖率高,空气湿度大,生态环境优美,自然条件优越,是石斛生长的绝佳之地。石斛谷以建设国家农业科技园区打造石斛产业领军品牌为重点,通过发展石斛生态种植,完善石斛产业链,倾力打造石斛健康产业,把石斛谷建成现代生态农业发展典范、林下经济展示窗口、国内最大石斛野生种植基地。

黔西南州对金银花(黄褐毛忍冬)、小花清风藤、石斛(铁皮石斛、环草石斛)、金樱子、天麻等中药材进行种苗人工培育技术的研究,分别进行了环草石斛质量标准、小花清风藤规范化种植、白花前胡 GAP 示范基地建设、金樱子规范化种植科技示范基地建设、石斛种质资源及规范化生产、黄褐毛忍冬种质资源及规范化生产、"顶坛花椒"产业化开发、生姜无公害标准化栽培、"普安乌天麻"种子繁育基地建设等技术研究和示范,同时扩大了中药材种植面积。此外在中药材的组织培养和规范栽培方面做了大量研究工作,并在铁皮石斛、艾纳香、金线莲等中药品种研究方面取得了诸多成效。

4.5.4　食用菌

全州食用菌(图 4.37)种植面积约 2.5 万亩,主要集中分布在安龙、义龙、兴义三县市,食用菌产业以"1210"扶贫模式有序推进,产业基地化、标准化、规模化初步形成,裂变发展效应取得成效。主要品种为香菇、姬松茸、冬荪、大球盖菇、黑木耳、灵芝、平菇、红托竹荪、羊肚菌、海鲜菇等。有食用菌标准化农业示范园区 2 个,从事种植加工的企业、农民专业合作社 53 家。其中龙头示范企业 11 家,完成目标任务数220%,包括省级龙头企业 3 家、州级龙头企业 8 家,龙头示范企业和食用菌产业公共品牌效应凸显,超额完成目标任务。全州共注册有"贵义龙""义龙仙菇""小姑子""苗岭仙""苗阿婆""太阳雨""黔菌"等 7 个商标。菌种生产体系初步形成,全州栽培种生产基地共有 15 个,食用菌产业已初步形成由菌种研发到母种、原种和栽培种配套的菌种生产体系。

灵芝

姬松茸

红托竹荪

羊肚菌

图 4.37　特色食用菌

4.5.5　特色水果

"春踩盘江两岸春绿,夏来果树花海漫步,秋闻两岸果子飘香,冬享脱贫致富成果"是对贵州省黔西南布依族苗族自治州发展精品水果产业的一个生动描述,红彤彤的火龙果、黄灿灿的金煌芒、紫盈盈的百香果、黄萌萌的糯米蕉等。在规划引领、科学布局产业上,按照"一圃一园九区六带"建设内容,将产业重点布局在具有"天然温室"之称的南北盘江及红水河低热河谷地区,精品水果主要以火龙果、百香果、甘蔗、芒果、香蕉、脐橙、猕猴桃等树种为重点的特色生态产业得到大力发展(图 4.38),已初步形成了立体、多元、复合的产业空间布局,为持续有效地增加贫困人群收入、改善生产生活条件发挥了巨大作用。

火龙果　　　　　　　　　　　　　　百香果

图 4.38　黔西南州特色水果

4.5.6　健康美食

（1）布依八大碗

如果你到了兴义，不到万峰林品尝著名的布依美食"八大碗"，那就不算是一次完整的旅游。"八大碗"是热情的布依族人招待客人的最好菜肴，"万峰第一观"的布依第一寨"布依八大碗"，可谓是人人喜爱的上等佳肴，别具风味。这"八大碗"即猪脚炖金豆米、红烧肉炖豆腐果、炖猪皮、酥肉粉条、排骨炖萝卜、素南瓜、素豆腐、花糯米饭。"八大碗"滋味极鲜，健康美味，采用当地纯天然的原料和香草制作，都是对人体健康有益的美食。这"八大碗"看似简单，但是却非常有寓意，一桌"八大碗"，碗碗各有不同的搭配和炖法，代表着一年四季，身体平安，四面八方，万事如意。吃的时候也很讲究，就是要在八仙桌上吃，那才叫有滋有味。

（2）金州三碗粉

兴义羊肉粉，羊肉熟而不烂，米粉雪白，汤汁鲜淳红亮，辣香味浓，油而不腻。兴仁清真牛肉粉，汤汁鲜淳、清爽、鲜香，米粉雪白光滑，牛肉熟而不烂。安龙凉剪粉，皮洁白剔透、光滑，香而不浓，吃起来油而不腻，味道非常鲜美爽口，清香四溢，与夏天更搭。

（3）杠子面

"不品杠子面，枉自到兴义"是食客对舒记"杠子面"的最高赞誉。舒记"杠子面"至今已传至六代，"杠子面"是"老杠子"面坊舒家祖祖辈辈代代相传，根据中国手工面条三大传统技法"压""拉""切"中研究出的"压面"和"切面"，综合而成的特色面。采用木杠将面团碾压成厚度不足 0.3 mm 薄的面片，再折叠成垛，用薄薄的面刀切成像头发一样的细丝而成，成品煮熟后劲脆鲜香，并可任意搭配臊子，在黔西南诸多风味小吃中独树一帜，食客送雅号"杠子面"。舒记"杠子面"曾在 1990 年贵州省首届风味小吃大赛上以其"滑、脆、鲜、香"的独特口味荣获大赛一等奖;经贵州省烹饪协会、贵州省经贸厅认定为"贵州名点风味小吃"。

（4）冲冲糕

冲冲糕是甜点,甜而不腻,质柔软香甜,色淡黄中偏红,食之味美香甜,松软可口。将籼米、糯米混合淘洗干净,饧几个小时磨成粉,揉搓静置一会,芝麻炒香,与花生用盐炒脆,去盐去皮舂成面,红糖舂成粉。将米粉舀入蒸笼的小木笼内,撒芝麻、红糖、花生面后,盖上笼罩蒸熟透。揭盖取糕后再放进荸荠粉里冲开水搅拌,然后加上玫瑰糖、芝麻、核桃、花生粒、冬瓜条等佐料,食之味美香甜松软可口。

（5）三合汤

三合汤是贵州西南布依族苗族自治州的地方风味小吃,流行于兴义、兴仁、贞丰等县市。因以糯米、白云豆、猪脚三种主料烹制而成,故名三合汤,摊馆必备,居家常食。在糯米饭内放适量本地特产的四季豆米,加酥肉片、酱油、醋、葱、胡椒粉、辣椒等佐料,掺入鸡汤或猪脚汤,味道鲜美,营养丰富。

黔西南地区峰峦叠翠,河流纵横,兼有桂林山水和云南石林风光之美,居住在这里的布依族和苗族人有着悠久的历史,他们喜欢以糯米饭为主食,并用糯米制作风味小吃。清代雍正五年(1727 年)安龙置南笼府,根据《南笼府去》记载,明代就有黄壳和红壳两种糯稻,颗粒饱满,色白脂丰,米质优良,安龙也盛产芸豆,质地优良,洁白性糯,当地常以此制粑作菜肴。三合汤就是这三种物产组合的美食。如今的三合汤,主料、配料、调料均有改进,是当地人早餐常用的大众食品。三合汤主料香糯柔绵,具芸豆幽香,脆臊、花生酥、有焦香。放醋提味不显酸,加辣椒以适应地方口味,突出香浓味厚的贵州特色,汤汁香不减鲜。

第 5 章

结　论

　　黔西南州四季气候舒适,拥有"春早花期长、夏凉宜避暑、秋爽云天高、冬暖树常绿"的气候特点,四季宜人。黔西南州全年生态环境质量优良,植被覆盖率高,物种资源丰富,康养产业蓬勃发展,四季宜居。黔西南州是世界山地旅游胜地和户外运动乐园,四季适宜开展山地户外运动,拥有独特的山地旅游资源和浓郁多彩的民俗风情,四季宜游。

5.1　四季宜人的康养气候

　　(1)温度

　　黔西南州拥有四季温和的气温,冬无严寒、夏无酷暑,常年平均气温为 16.4℃,春季为 17.4℃,夏季为 22.6℃,秋季为 16.8℃,冬季为 8.3℃,冬无严寒、夏无酷暑,人体感觉十分舒适,有利于人体机能的运转与正常调节,适宜现代人长期居住和康养。

　　(2)降水

　　黔西南州降水量充沛,常年降水量为 1324.0 mm,雨热同季,其中夏季降水量为 714.5 mm。黔西南州夜雨出现频率高,夜雨量占总降水量的 66%,多夜雨的天气就像天然淋浴,既可降温,又可清新空气,非常有利于出行和旅游。

　　(3)日照

　　黔西南州常年日照时数 1455.4 h,其中夏季最多,为 447.0 h,冬季也有 256.8 h,冬季平均每天有 2 h 阳光。黔西南州属于全国紫外线较弱的区域,特别是夏季云量相对较多,有利于减少紫外线,具有明显的紫外线少的优势。

　　(4)气候舒适期长

　　黔西南州气候舒适日数多,带来了"春早花期长、夏凉宜避暑、秋爽云天高、冬暖树常绿"的自然馈赠。综合舒适度指数评价四季均为较舒适以上等级,人体舒适度指数评价为"一类气候适宜区",度假气候指数表明四季均适宜度假。黔西南州四季气候舒适,适宜康养。

5.2　四季宜居的康养环境

(1)生态优良

黔西南州空气质量全年优良率为100%,全年未出现雾霾等污染天气;地表水环境质量水质优良率达100%,稳定保持全省第一;中心城市兴义市声环境质量状况好;主要景区负氧离子都在最优等级,是当之无愧的天然氧吧。优良的生态环境质量,为生态康养提供基础保障,四季宜居。

(2)植被丰富

黔西南州森林覆盖率58.5%,兴义市获国家级森林城市称号,册亨县获省级森林城市称号,"让森林走进城市,让城市拥抱森林",人民群众的绿色获得感明显增强,21世纪以来,全州植被覆盖度呈明显增长趋势。黔西南州适宜多种生物的生长和繁衍,是天然的植物园和物种基因库,保存了大量珍稀濒危物种,植物资源是贵州省最为丰富的地区之一。

(3)城镇康养

黔西南州牢固树立"山水城市"理念,着力构建"医、养、健、管、药、食"等产业融合发展的康养全产业链,推动康养产业蓬勃发展,倾力打造"康养黔西南,四季花园城"康养品牌。深入推进医疗、养生产业融合发展,高标准建设集医疗、康复、养生为一体的"生态健康城",打造国际高端医疗康养集聚区。

5.3　四季宜游的康养旅游

(1)山地旅游

黔西南州是"山地公园省·多彩贵州风"中最具鲜明特色和拥有众多旅游资源的"金贵之州",拥有神奇秀美的山水风光。境内有奇峰、峡谷、飞瀑、云海、温泉、溶洞、天坑等丰富多样的地质地貌,是世界锥状喀斯特地质地貌的典型代表,是世界山地旅游胜地,拥有万峰林、马岭河峡谷、万峰湖、双乳峰等著名自然景点,是"春赏花、夏避暑、秋品果、冬暖阳"的好地方,四季宜游。

(2)山地运动

黔西南州是国内外游客向往的山地户外运动乐园,全年可开展山地户外健康运动,曾先后成功举办了一系列国际性和全国性户外运动品牌赛事(国际山地旅游大会、全国山地运动会、中国自行车联赛、中国万峰湖野钓大奖赛、万峰林国际徒步大会、晴隆"二十四道拐"汽车爬坡赛、贞丰三岔河国际露营大会等),形成了很好的山地户外运动品牌效应,是开展徒步、骑行、自驾、露营、漂流、野钓等山地户外运动和水上运动的绝佳之地。

(3)民俗风情

黔西南州少数民族氛围浓厚,现共有布依族、苗族、彝族、回族等35个少数民族,各民族历史文化悠久,民俗风情充满魅力。拥有以"八音坐唱"为代表的8项国家级非物质文化遗产、以"布依铜鼓十二则"为代表的49项省级非物质文化遗产。民族文化、民族歌舞、民族绝技、民族节日、民族风情,相生相伴、相得益彰!

(4)有机农产

黔西南州由于独特地理气候和土壤条件,生长着千年古茶树,并发现目前世界上唯一的"古茶籽化石";出产的薏仁米全国知名,获"中国薏仁米之乡"称号;拥有中药材资源近两千种,尤以铁皮石斛、金银花、艾纳香等最为著名;立体山地气候适宜多种水果和食用菌生长。

综合考虑黔西南州四季宜人的康养气候、四季宜居的康养环境、四季宜游的康养旅游等优越条件,2019年中国气象学会授予黔西南州"中国四季康养之都"称号。

参考文献

曹永强,高璐,王学凤,2016.近30年辽宁省夏季人体舒适度区域特征分析[J].地理科学,36(8): 1205-1211.

邓鹏,2010.铁皮石斛抗鼻咽癌的作用研究[D].南宁:广西医科大学.

杜正静,丁治英,张书余,2007.2001年1月滇黔准静止锋在演变过程中的结构及大气环流特征分析[J].热带气象学报,23(3):284-292.

杜正静,熊方,苏静文,2007.2001—2003年滇黔准静止锋的一些统计特征[J].气象研究与应用,28 (增刊2):21-23.

段旭,段玮,王曼,等,2017.昆明准静止锋[M].北京:气象出版社.

范业正,郭来喜,1998.中国海滨旅游地气候适宜性评价[J].自然资源学报,13(4):304-311.

冯萍,2017.黔西南地区农产品质量安全存在的问题及对策建议[J].耕作与栽培(5):69-70.

冯新灵,罗隆诚,张群芳,等,2006.中国西部著名风景名胜区旅游舒适气候研究与评价[J].干旱区地理(4):598-608.

管惠娟,张雪,屠凤娟,等,2009.铁皮石斛化学成分的研究[J].中草药,40(12):1873-1876.

郭广,张静,马守存,等,2015.1961—2010年青海省人体舒适度指数时空分布特征[J].冰川冻土, 37(3):845-854.

韩玮,苏敬,王琳,2013.长江三角洲城市发展与人体舒适度的关系[J].应用气象学报,24(3): 380-384.

何顺志,邹亚邦,1994.贵州西南部分地区药用植物资源[J].中国中药杂志,19(7):392-394.

李伯华,郑始年,2018.汾河流域人居环境适宜性评价及空间分异研究[J].干旱区资源与环境,32 (8):87-92.

李光映,2013.黔西南的美丽乡村[J].文化月刊(4):28-35.

李山,孙美淑,张伟佳,等,2016.中国大陆1961—2010年间气候舒适期的空间格局及其演变[J].地理研究,35(11):2053-2070.

李雪铭,刘敬华,2003.我国主要城市人居环境适宜居住的气候因子综合评价[J].经济地理,5(5): 49-53.

李燕,王春兰,王芳菲,等,2010.铁皮石斛化学成分的研究[J].中国中药杂志,35(13):1715-1719.

林燕飞,2009.铁皮石斛药材的质量标准及最佳采收期的研究[D].杭州:浙江大学.

刘梅,于波,姚克敏,2002.人体舒适度研究现状及其开发应用前景[J].气象科技,30(1):11- 14,18.

刘清春,王铮,许世远,2007.中国城市旅游气候舒适性分析[J].资源科学,29(1):133-140.

刘守梅,2012.石斛MYB类转录因子基因克隆和功能初步研究[D].杭州:杭州师范大学.

卢怡萌,2014.基于系统保护规划的中国野生兰科植物的优先保护研究[D].太原:山西大学.

罗晓玲,兰晓波,李岩瑛,等,2004.人体舒适度指数预报体系研究[J].干旱区资源与环境(增刊2):59-62.

马辉,邹广天,何彦汝,2017.美丽乡村背景下黔西南布依族香车河传统村落文化传承与保护[J].黑龙江民族丛刊(6):116-119.

马丽君,孙根年,李馥丽,等,2007.陕西省旅游气候舒适度评价[J].资源科学,29(6):40-44.

马丽君,孙根年,谢越法,等,2010.50年来东部典型城市旅游气候舒适度变化分析[J].资源科学,32(10):1963-1970.

潘纯清,2014.黔西南州中药材产业发展分析与对策建议[J].亚太传统医药(24):1-3.

蒲金涌,姚小英,2010.甘肃省主要城市人居气候舒适性评价[J].资源科学,32(4):679-685.

孙根年,余志康,2014.中国30°N、35°N线城市气候舒适度与地形三级阶梯的关系[J].干旱区地理,37(3):447-457.

孙美淑,李山,2015.气候舒适度评价的经验模型:回顾与展望[J].旅游学刊,30(12):19-34.

唐进时,申双和,华荣强,等,2015.热气候指数评价中国南方城市夏季舒适度[J].气象科学,35(6):769-774.

王芬,曹杰,李腹广,等,2015.贵州不同等级降水日数气候特征及其与降水量的关系[J].高原气象,34(1):145-154.

王国新,钱莉莉,陈韬,等,2015.旅游环境舒适度评价及其时空分异-以杭州西湖为例[J].生态学报,35(7):2206-2216.

王培培,鲁芹飞,陈建南,等,2012.正交实验法优化铁皮石斛多糖的提取工艺[J].时珍国医国药,23(11):2781-2782.

吴兑,2003.多种人体舒适度预报公式讨论[J].气象科技,31(6):370-372.

夏阳,龙园,任倩,等,2018.云贵高原夏季不同等级极端日降水时间的气候特征[J].热带气象学报,34(2):239-247.

向红琼,谷晓平,郑小波,2014.贵州省旅游气候研究与应用[M].北京:气象出版社.

熊方,王元,2008.典型高影响天气系统之西南热低压研究Ⅰ-统计分析[J].热带气象学报,24(4):391-398.

闫业超,岳书平,刘学华,等,2013.国内外气候舒适度评价研究进展[J].地球科学进展,28(10):1119-1125.

杨静,汪超,雷云,等,2013.春季西南热低压的发生发展与结构特征[J].气象,39(2):146-155.

叶胜,金贤锋,陈阳,等,2018.基于GIS的气候舒适度精细化评估[J].地理空间信息,16(9):62-64.

尹文娟,潘志华,潘宇鹰,等,2018.中国大陆人居环境气候舒适度变化特征研究[J].中国人口·资源与环境,28(增刊1):5-8.

于庚康,徐敏,于堃,等,2011.近30年江苏人体舒适度指数变化特征分析[J].气象,37(9):1145-1150.

余志康,孙根年,罗正文,等,2015.40°N以北城市夏季气候舒适度及消夏旅游潜力分析[J].自然资源学报(2):327-339.

张爱莲,魏涛,斯金平,等,2011.铁皮石斛中基本氨基酸含量变异规律[J].中国中药杂志,36(19):2632-2635.

张东海,白慧,周文珏,等,2014.气候季节划分标准在贵州地区的适用性分析[J].34(4):77-82.

赵俊明,于亚琦,2018.乳山银滩旅游度假区气候舒适度评价分析[J].旅游纵览(下半月)(5):50-51.

郑景云,尹云鹤,李炳元,2010.中国气候区划新方案[J].地理学报,65(1):3-12.

朱涯,杨鹏武,段长春,等,2018.普洱市宜居气候适宜性分析[J].气象与环境科学,41(2):37-42.

Perch-Nielsen S, Amelung B, Knutti R, 2010. Future Climate Resources for Tourism in Europe Based on the Daily Tourism Climatic Index [J]. Climate Change, 103:363-381.

Tang Mantao, 2013. Comparing the 'Tourism Climate Index' and 'Holiday Climate Index' in Major European Urban Destinations [D]. Waterloo: University of Waterloo.

Terjung W H, 1966. Physiological climates of the contentious united states: A bioclimatic classification based on man[J]. Annals of the Association of American Geographers, 5(1):141-179.

附录 A

A.1 编制依据

(1)《人居环境气候舒适度评价》(GB/T 27963—2011)

(2)《气候季节划分》(QX/T 152—2012)

(3)《环境空气质量标准》(GB 3095—2012)

(4)《地表水环境质量标准》(GB 3838—2002)

(5)《空气负(氧)离子浓度等级》(QX/T 380—2017)

(6)《贵州省旅游气象舒适度标准》(DB52T556—2009)

(7)《避暑旅游城市评价指标》(T_CMSA 0007—2018)

A.2 数据说明

A.2.1 气象数据

选取气象观测站共计 171 个(图 A.1),其中国家站 8 个,观测序列长度 58 年(1961—2018 年),区域站 163 个,观测序列长度 9 年(2010—2018 年)。气象要素为逐日逐时气温、雨量、相对湿度、气压、风速、日照、云量等,天气现象为逐日冰雹、雷暴、大风、暴雨等。观测数据均经过质量控制(QX/T 45—2007 地面气象观测规范第 1 部分:总则;QX/T 45—2007 地面气象观测规范 第 1 部分:总则;QX/T 48—2007 地面气象观测规范第 4 部分:天气现象观测;QX/T 62—2007 地面气象观测规范第 18 部分:月地面气象资料处理和报表编制;GB/T 28591—2012 风力等级)。

各要素及指标的统计平均指多年平均,为国家站 1961—2018 年间年、季、月的算术平均值;常年平均为 1981—2010 年间年、季、月的算术平均值(QX/T 62—2007 地面气象观测规范第 18 部分:月地面气象资料处理和报表编制)。

定义春季月为 3 月、4 月和 5 月;夏季月为 6 月、7 月和 8 月;秋季月为 9 月、10 月和 11 月;冬季月为 12 月、翌年 1 月和 2 月。

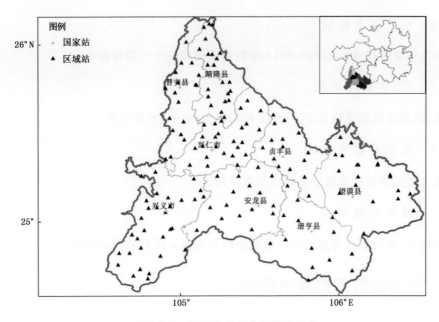

图 A.1　黔西南州气象观测站分布

A.2.2　遥感数据

遥感数据来源于贵州省生态气象和卫星遥感中心,获取时间为 2000 年和 2018 年,以 MODIS 遥感影像(1 km)作为主要数据源。

A.2.3　负氧离子数据

选取黔西南州生态环境局 2018 年 9 个负氧离子监测点,观测内容为负氧离子浓度(表 A.1)。

表 A.1　黔西南州主要景区负氧离子监测站基本信息统计

编号	地点	观测时段(年)	观测内容
1	马岭河峡谷		
2	万峰林		
3	三岔河		
4	双乳峰		
5	二十四道拐	2018	负氧离子浓度
6	放马坪		
7	鲤鱼坝		
8	安龙招提		
9	望谟蔗香		

A.2.4 空气质量数据

空气质量数据选取 2014—2018 年黔西南州环境空气质量报告。

A.2.5 水、声环境数据

水、声环境数据选取 2014—2018 年黔西南州环境状况公报。

A.2.6 森林覆盖率数据

森林覆盖率数据来源于黔西南州林业局。

A.2.7 旅游资源数据

动植物、旅游景点等旅游资源数据由黔西南州人民政府协调提供。

A.3 各类指数评价模型及标准

A.3.1 温湿指数（THI）（Terjung W H, 1966; Tang Mantao, 2013; Perch-Nielsen S et al, 2010; 李雪铭 等, 2003; 刘清春 等, 2007; 吴兑, 2003）

$$THI = (1.8T + 32) - 0.55(1 - RH)(1.8T - 26) \tag{A.1}$$

式中，THI 为温湿指数（表 A.2），T 为某一时段的平均气温（℃）；RH 为某一时段的相对湿度（%）。

表 A.2 温湿指数分级标准

等级	指数数值	人体感觉程度	赋值
1	$THI<40$	极冷，极不舒适	1
2	$40{\leqslant}THI<45$	寒冷，不舒适	3
3	$45{\leqslant}THI<55$	偏冷，较不舒适	5
4	$55{\leqslant}THI<60$	清凉，舒适	7
5	$60{\leqslant}THI<65$	凉，非常舒适	9
6	$65{\leqslant}THI<70$	暖，舒适	7
7	$70{\leqslant}THI<75$	偏热，较舒适	5
8	$75{\leqslant}THI<80$	闷热，不舒适	3
9	$THI{\geqslant}80$	极其闷热，极不舒适	1

A.3.2 风效指数（K）（范业正 等, 1998; 马丽君 等, 2007; 曹永强 等, 2016）

$$K = -(33-T)(10\sqrt{V} + 10.45 - V) + 8.55S \tag{A.2}$$

式中，K 为风效指数（表 A.3）；T 为某一时段的平均气温（℃）；V 为风速（m/s）；S 为日照时数(h)。

表 A. 3　风效指数分级标准

等级	指数数值	人体感觉程度	赋值
1	$K<-1200$	酷冷	1
2	$-1200\leqslant K<-1000$	冷	3
3	$-1000\leqslant K<-800$	冷凉	5
4	$-800\leqslant K<-600$	凉	7
5	$-600\leqslant K<-300$	舒适	9
6	$-300\leqslant K<-200$	暖	7
7	$-200\leqslant K<-50$	暖热	5
8	$-50\leqslant K<80$	热	3
9	$K\geqslant 80$	炎热	1

A. 3. 3　着衣指数(ICL)（范业正 等,1998；马丽君 等,2007；马丽君 等,2010)

$$ICL = \frac{33-T}{0.155H} - \frac{H+\alpha R\cos\partial}{(0.62+19\sqrt{V})H} \tag{A.3}$$

式中,ICL 为着衣指数(表 A.4)；T 为某一时段的平均气温(℃)；H 为人体代谢率的 75%,取轻活动量下的代谢率,$H=87$ kJ/(m² · h)；α 为人体对太阳辐射的吸收情况,报告中取 0.06；R 为垂直阳光的单位面积土地所接收的太阳辐射(W/m²)；∂ 为太阳高度角,取平均状况,设纬度为 β,夏季各地太阳高度角为 $90°-\beta+23°26'$,冬季各地太阳高度角为 $90°-\beta-23°26'$,春季和秋季的各地太阳高度角为 $90°-\beta$；V 为风速(m/s)。

表 A. 4　着衣指数分级标准

等级	指数数值	人体感觉程度	赋值
1	$ICL>2.5$	羽绒服	1
2	$1.8\leqslant ICL<2.5$	便服加坚实外套	3
3	$1.5\leqslant ICL<1.8$	冬季常用服装	5
4	$1.3\leqslant ICL<1.5$	春秋常用便服	7
5	$0.7\leqslant ICL<1.3$	衬衫和常用便服	9
6	$0.5\leqslant ICL<0.7$	轻便的夏装	7
7	$0.3\leqslant ICL<0.5$	短袖开衫领	5
8	$0.1\leqslant ICL<0.3$	热带单衣	3
9	$ICL<0.1$	超短裙	1

A. 3. 4　综合舒适度指数(CC)（马丽君 等,2007；马丽君 等,2010；郭广 等,2015)

从温湿指数、风效指数、着衣指数的定义来看,这三种指数均从不同的角度反映气候环境对体感的影响程度,但单用某一种指数又有一定的局限性,马丽君等(2007,

2010)将这三种指数综合起来,将各指数划分为 9 个等级,以 1～9 按照间隔为 2 的数值赋值,值越大,表明其舒适度越高,并利用加权模型重新构建一种综合性强的气候舒适度指数,该指数的优点在于综合考虑了湿度、温度、风速、太阳辐射和人体代谢对体感的影响,且该指数具有可对比和可加和的特点。其计算公式为

$$CC = 0.6I_{THI} + 0.3I_K + 0.1I_{ICL} \tag{A.4}$$

式中,CC 为综合舒适度指数,I_{THI}、I_K 和 I_{ICL} 分别为温湿指数、风效指数、着衣指数的等级值。根据综合气候舒适度大小,将其划分为 4 个等级,其中 $1 \leqslant CC < 3$ 为不舒适,$3 \leqslant CC < 5$ 为较不舒适,$5 \leqslant CC < 7$ 为较舒适,$7 \leqslant CC \leqslant 9$ 为舒适。

A.3.5　人体舒适度指数(BCMI)(于庚康 等,2011;刘梅 等,2002;蒲金涌 等,2010;孙美淑 等,2015;李伯华 等,2018;朱涯 等,2018;向红琼 等,2014)

$$BCMI = (1.8T + 32) - 0.55(1 - RH)(1.8T - 26) - 3.2\sqrt{V} \tag{A.5}$$

式中,$BCMI$ 为人体舒适度指数(表 A.5);T 为某一时段的平均气温(℃);RH 为某一时段的相对湿度(%);V 为风速(m/s)。

表 A.5　人体舒适度指数分级标准

等级	BCMI	人体感觉程度
10	>89	酷热
9	86～88	暑热
8	80～85	炎热
7	76～79	闷热
6	71～75	暖舒适
5	59～70	最舒适
4	51～58	凉舒适
3	39～50	清凉
2	26～38	较冷
1	0～25	寒冷

A.3.6　度假气候指数(HCI)(赵俊明 等,2018;王国新 等,2015)

$$HCI = 4T_c + 2A + 3R + V \tag{A.6}$$

$$T_e = T_{max} - 0.55(1 - RH)(T_{max} - 14.4) \tag{A.7}$$

式中,T_e 为人体有效温度(℃);T_{max} 为日最高气温(℃);RH 为某一时段的相对湿度(%);T_c 为热舒适因子;A 为审美因子,以云量的多少来表征;R 为物理因子,以降水量的多少来表征;V 为物理因子,以风速的大小来表征。

　　HCI 由 3 个因子按照不同比例构成,分别为:热舒适因子 T_c,占 40%,表示人体对温度高低的感觉,通过日最高气温和日平均相对湿度根据式(A.4)获得有效温度来表征;审美因子 A 通过云量的多少表征,占 20%;物理因子 P 通过降水量(R)和风

速(V)来表征,占 40%(表 A.6 和表 A.7)。

表 A.6　度假气候指数评分标准

得分	有效温度(℃)	日降水量(mm)	云量(%)	风速(km/h)
10	23~25	0	11~20	1~9
9	20~22 或 26	<3	1~10 或 21~30	10~19
8	27~28	3~5	0 或 31~40	0 或 20~29
7	18~19 或 29~30		41~50	
6	15~17 或 31~32		51~60	30~39
5	11~14 或 33~34	6~8	61~70	
4	7~10 或 35~36		71~80	
3	0~6		81~90	40~49
2	−5~−1 或 37~39	9~12	>90	
1	<−5			
0	>39	>12		50~70
−1		>25		
−10				>70

表 A.7　度假气候指数分级标准

90~100	80~89	70~79	60~69	50~59	40~49	30~39	20~29	10~19
理想状况	特别适宜	很适宜	适宜	可以接受	一般	不适宜	很不适宜	特别不适宜

A.3.7　避暑旅游气候舒适度指标

A.3.7.1　影响因子

综合夏季体感舒适度、日照时数、总云量、夜雨日数、白天降水量、气温日较差、空气质量和植被指数因子,建立避暑旅游气候舒适度指数,其中体感舒适度由夏季气温、相对湿度和风速决定。

A.3.7.2　评价方法

(1)体感舒适度指标

体感温度计算公式为

$$T_s = \begin{cases} T + \dfrac{15}{T_a - T_i} + \dfrac{RH-70}{15} - \dfrac{V-2}{2} \cdots\cdots T \geqslant 28℃ \\ T + \dfrac{RH-70}{15} - \dfrac{V-2}{2} \cdots\cdots 17℃ < T < 28℃ \\ T - \dfrac{RH-70}{15} - \dfrac{V-2}{2} \cdots\cdots T \leqslant 17℃ \end{cases} \quad (A.8)$$

式中,T_s 为体感温度(℃);T_a 为日最高温度(℃);T_i 为日最低温度(℃);T 为日平均温度(℃);RH 为日平均相对湿度(%);V 为日平均风速(m/s)。

将体感温度(T_s)划分为 4 个等级,分级标准见表 A.8。

表 A.8 体感温度分级标准

体感温度等级	T_s 指标(℃)
1 级	$20 \leqslant T_s \leqslant 24$
2 级	$18 \leqslant T_s < 20$ 或 $24 < T_s \leqslant 25$
3 级	$16 \leqslant T_s < 18$ 或 $25 < T_s \leqslant 28$
4 级	$T_s < 16$ 或 $T_s > 28$

体感舒适度指标计算公式为

$$B = 100 \times \sum_{i=1}^{3} r_{1i} \times R_{1i} \tag{A.9}$$

$$\text{若 } r_{14} > 5, \text{则 } B' = B - 5$$

式中,B 为体感舒适度指标(%);B' 为订正的体感舒适度指标(%);i 为体感温度等级;r_{1i} 为各等级体感温度区间的发生概率;R_{1i} 为各等级体感温度的影响权重,1、2、3、4 级的影响权重分别为 60%、30%、10%、0%。

(2)日照指标

日照指标计算公式为

$$S = \sum_{i=1}^{4} r_{2i} \times R_{2i} \tag{A.10}$$

式中,S 为日照指标(h);i 为日照时数等级,见表 A.9;r_{2i} 为各等级日照时数的发生概率;R_{2i} 为各等级日照时数的影响权重,1、2、3、4 级的影响权重分别为 40%、30%、20%、10%。

表 A.9 日照时数分级标准

等级	日照时数(h)
1 级	$4.5 \leqslant S < 5.5$
2 级	$3.5 \leqslant S < 4.5$ 或 $5.5 \leqslant S < 7.5$
3 级	$2.5 \leqslant S < 3.5$ 或 $7.5 \leqslant S$
4 级	$S < 2.5$

(3)总云量指标

总云量指标计算公式为

$$C = \sum_{i=1}^{4} r_{3i} \times R_{3i} \tag{A.11}$$

式中,C 为总云量指标(成);i 为总云量等级,见表 A.10;r_{3i} 为各等级总云量的发生概率;R_{3i} 为各等级总云量的影响权重,1、2、3、4 级的影响权重分别为 40%、30%、20%、10%。

表 A. 10   总云量分级标准

等级	总云量(成)
1 级	$1.0 \leqslant C < 4.0$
2 级	$4.0 \leqslant C < 6.0$ 或 $C < 1.0$
3 级	$6.0 \leqslant C < 8.0$
4 级	$8.0 \leqslant C$

（4）夜雨指标

夜雨指标计算公式为

$$R = r/N \tag{A.12}$$

式中，R 为夜雨指标；r 为出现夜雨日数；N 为参与统计时间段内的总日数。

（5）气温日较差指标

气温日较差指标计算公式为

$$TR = \sum_{i=1}^{3} r_{4i} \times R_{4i} \tag{A.13}$$

式中，TR 为气温日较差指标（℃）；i 为气温日较差等级，见表 A.11；r_{4i} 为各等级气温日较差区间的发生概率；R_{4i} 为各等级气温日较差的影响权重，1、2、3 级的影响权重分别为 80%、20%、0%。

表 A. 11   气温日较差分级标准

等级	气温日较差(℃)
1 级	$TR \leqslant 10.0$
2 级	$10.0 \leqslant TR < 15.0$
3 级	$15 \leqslant TR$

（6）白天降水量指标

白天降水量指标计算公式为

$$Pr = \sum_{i=1}^{3} r_{5i} \times R_{5i} \tag{A.14}$$

式中，Pr 为白天降水量指标（mm）；i 为白天降水量等级，见表 A.12；r_{5i} 为各等级白天降水量区间的发生概率；R_{5i} 为各等级白天降水量的影响权重，1、2、3 级的影响权重分别为 90%、10%、0%。

表 A. 12   白天降水量分级标准

等级	白天降水量(mm)
1 级	$Pr \leqslant 10.0$
2 级	$10.0 \leqslant Pr < 25.0$
3 级	$25 \leqslant Pr$

（7）空气质量指标

空气质量指标计算公式为

$$AQ = a/N \tag{A.15}$$

式中，AQ 为空气质量指标；a 为空气质量为优或良的日数；N 为参与统计时间段内的总日数。

（8）生态植被指标

生态植被指标计算公式为

$$NDVI = (NIR - MR)/(NIR + MR) \tag{A.16}$$

式中，$NDVI$ 为归一化植被指数；NIR 为遥感影像中近红外波段的反射值；MR 为遥感影像中红光波段的反射值。

A.3.8　避暑旅游气候舒适度

由于各影响因子量级不同，首先将它们进行均一化，建立避暑旅游气候舒适度计算公式为

$$L = 100 \times \left[\begin{array}{l} (B/B_m) \times 0.50 + (S/S_m) \times 0.05 + (C/C_m) \times 0.05 + (R/R_m) \times 0.1 + (TR/TR_m) \times 0.1 \\ + (Pr/Pr_m) \times 0.1 + (AQ/AQ_m) \times 0.05 + (NDVI/NDVI_m) \times 0.05 \end{array} \right]$$

$$\tag{A.17}$$

式中，L 为避暑旅游气候舒适度指标；B 为夏季体感舒适度指标；B_m 为评价时期、评价范围内夏季体感舒适度指标的最大值；S 为夏季日照指标；S_m 为评价时期、评价范围内日照指标的最大值；C 为夏季总云量指标；C_m 为评价时期、评价范围内总云量指标的最大值；R 为夏季夜雨指标；R_m 为评价时期、评价范围内夜雨指标的最大值；TR 为夏季气温日较差指标；TR_m 为评价时期、评价范围内气温日较差指标的最大值；Pr 为夏季白天降水量指标；Pr_m 为评价时期、评价范围内白天降水量指标的最大值；AQ 为夏季空气质量指标；AQ_m 为评价时期、评价范围内空气质量指标的最大值；$NDVI$ 为夏季生态植被指标；$NDVI_m$ 为评价时期、评价范围内生态植被指标的最大值。

将避暑旅游气候舒适度（L）等级划分为 3 级，分级标准见表 A.13。

表 A.13　避暑旅游气候舒适度分级标准

等级	等级名称	L 指标	服务用语
1 级	舒适	$L \geqslant 75$	避暑旅游气候条件舒适
2 级	较舒适	$60 \leqslant L < 75$	避暑旅游气候条件较舒适
3 级	一般	$L < 60$	避暑旅游气候条件一般